庆祝桂林理工大学60周年校庆

PINPAI FUZHUANG SHEJI YU TUIGUANG

品牌服装设计与推广

马 丽◎著

中国纺织出版社

内 容 提 要

本书对品牌服装的设计与推广进行了深入的探讨研究，包含了品牌服装设计领域的多个方面，如品牌服装设计理论基础、品牌服装设计流程与方法、品牌服装设计元素及风格、品牌服装市场调研与定位、品牌服装的产品策划与架构、流行色及其在品牌服装中的应用、服装色彩企划与品牌服装色彩搭配等。本书论述严谨，结构合理，条理清晰，内容丰富新颖，语言清晰流畅，是一本值得学习研究的著作。

图书在版编目(CIP)数据

品牌服装设计与推广 / 马丽著. -- 北京 : 中国纺织出版社，2018.7（2022.9 重印）

ISBN 978-7-5180-2919-8

Ⅰ.①品… Ⅱ.①马… Ⅲ.①服装设计 ②服装市场—市场营销学 Ⅳ.①TS941.2 ②F768.3

中国版本图书馆 CIP 数据核字(2016)第 210413 号

责任编辑：武洋洋　　责任印制：储志伟

中国纺织出版社出版发行

地址：北京市朝阳区百子湾东里 A407 号楼　邮政编码：100124

销售电话：010－67004422　传真：010－87155801

http://www.c-textilep.com

E-mail:faxing@e-textilep.com

中国纺织出版社天猫旗舰店

官方微博 http://www.weibo.com/2119887771

北京虎彩文化传播有限公司印刷　各地新华书店经销

2018 年 7 月第 1 版　2022 年 9 月第 13 次印刷

开本：710×1000　1/16　印张：16.875

字数：220 千字　定价：71.00 元

前　言

我国服装走品牌化道路大约是在20世纪90年代初期开始的，当时的中国纺织总会提出了“建设中国服装品牌工程”，全国上下一呼百应，以我国轻纺工业相对比较发达的沿海城市为代表的服装企业率先迈向了服装产品的品牌化之路。经过二十多年的发展，我国服装产业已经取得了令世界瞩目的成绩，形成了规模庞大的服装产业链。

然而，由于各种原因，我国服装业界目前还没有拥有一流的国际化自主品牌。品牌之功不是一朝一夕可以练就，综合因素纷繁复杂。从服装产品生成的一般模式来看，产品设计被认为是产品生成的第一环节，因此，推行品牌战略的服装企业将产品设计推到了重要地位。

本书之所以称为“品牌服装设计”，而不是一般所称的“服装设计”，是因为它以一般意义上的服装设计为基础，从尊重和结合服装品牌运作规律及其特征的角度出发，根据品牌服装的运作架构和产品内涵，阐述其自身所应有的概念、特点、规律、方法、流程、要点等方面与一般服装设计的差异，达到为品牌服装提供设计服务的目的。一般服装设计被认为是技术与艺术的结合，品牌服装设计则是加入了品牌要素的服装设计，因此，品牌服装设计是一种“艺术＋技术＋商业”的人类创造性活动。

虽然服装设计这一学科理论在我国的发展时间并不长，但由于我国社会的现实情况，该学科展现出了蓬勃的姿态，并且有很大的发展前景。然而，这种发展模式是跳跃式、超常规的，带有一定的盲目性和急功近利的色彩，所以仍然需要采取相应的措施加以完善，将弊端革除，保证其得以良性发展。当前，我国服装设计领域的专著数量不在少数，各位专家同人在各自的研究领域不懈探索和研究，已经取得了十分丰富的理论成果，对服装设计的现实应用起到了十分明显的指导作用。但专注于品牌服装设计与色彩应用的著作却并不多见。因而本人在多年研究成果的基础上撰写了本书。

全书内容共分七章，具体如下：第一章为绪论，是对这一学科的初步了解和概述；第二章就品牌服装设计的流程与方法展开论述；第三章围绕品牌服装的设计元素、品牌服装的主题设计、品牌服装的设计风格，以及影响服装设计的相关因素详细展开；第四章则对品牌服装的市场调研和服装品牌的产品定位两方面内容进行了阐释，并树立了"以人为本"的设计理念和意识；第五章论述品牌服装的系列产品策划与架构，分别就品牌服装系列产品与策划两方面加以展开，并就品牌服装产品开发与上市进行了阐述；第六章着重论述流行色及其在服装设计中的应用，分别就流行色的概念与影响因素、流行色的特性与预测、品牌服装色彩与面料，以及品牌服装流行色彩的应用等方面展开；第七章就服装色彩企划与品牌服装色彩搭配分别对服装色彩企划与配色方案、服装色彩的对比与调和、男女服装类别的色彩搭配、著名品牌服装色彩的设计与搭配等内容展开论述。整本书的论述力求有理有据，以期能对现实的品牌服装设计实践具有指导意义。

本书在撰写过程中得到了许多专家学者的帮助和支持，在此对他们表示感谢。书中引用的图例和观点未能一一注明出处的，敬请谅解。本书在写作过程中虽力求知识全面、内容深刻，但由于许多主客观原因，恐仍有不尽如人意之处，恳请各位同行专家批评指正，以便在日后修改完善，以飨读者。

编　者

2018 年 5 月

目　录

第一章 绪 论

服装设计既是一项技术特征十分鲜明的产品开发工作，也是一项文化含量尤为突出的创新活动，从这个角度来看，服装设计可以被称为是一种“技术与艺术的结合”。在服装企业内，这项工作对于企业运作目标的达成，尤其是在以品牌名义下开展的服装品牌建设事业中，具有举足轻重的地位。为了看清这一具有一定特殊性的“人类创造性活动”的全貌，本章首先论述品牌服装设计的内涵，了解服装设计师与服装品牌，认识品牌服装色彩等相关概念，以便于后面内容的顺利展开。

第一节 品牌服装设计的内涵

服装行业自从引入了“品牌经营”的理念，便有了围绕“品牌”而展开的产品开发工作，品牌服装设计便应运而生。由于品牌服装设计活动从一开始就是自然地伴随着服装品牌经营活动自发地生成，因此，在起初的摸索阶段，它并无明确的定义，而是把它等同于一般的服装设计工作。随着实践经验的积累，人们对品牌服装设计的内涵、本质和规律等认识才逐渐清晰起来。

一、品牌服装设计的定义

从课程的角度而言，品牌服装设计是相关服装设计课程的集合。当前的服装设计专业教学把服装设计课程分为男装设计、女装设计、童装设计等主干课程和服装市场调研、服装生产管理、服装市场营销等辅助课程,品牌服装设计则综合运用了这些课程的相关知识,具有以品牌服装产品开发为主线的基本内容。从设计的角度来看,当前对品牌服装设计概念的认识还存在一定误区,清晰品牌服装设计的定义有助于设计工作的顺利展开。

(一)品牌服装

品牌服装是指以品牌经营理念为指导思想,按照品牌运作规范和要求而开发出来的服装产品。从理论上看,与品牌服装相对的概念是非品牌服装,后者是指品牌服装之外的所有服装。虽然一提到品牌服装,人们即能联想到某些品牌的服装产品,但是由于衡量标准不同或研究对象难以量化,品牌服装与非品牌服装的界限比较模糊,在具体的实践操作中往往难以明确区分,因此品牌服装的概念具有一定的相对性。一般而言,这里所指的品牌服装是具有一定市场认知度的、形象较为完整的、形成一定商业信誉的服装产品系统,其最明显的共同特征是拥有相对著名的商标。

与品牌服装容易混淆的一个概念是服装品牌。服装品牌是指关于服装行业或服装产品的品牌,是将品牌的文化、象征和联想等一切形式功能联系于服装行业或服装产品的事物(图 1-1)。服装品牌的研究范畴更多地关注于品牌这一符号本身,是把服装品牌区别于其他品牌的行业属性划分。

从词的结构上看,尽管两者似乎只是词序上的区别,但是,细辨之下,两者有很大不同。品牌服装是以“品牌”作为服装的定语,服装品牌是以“服装”作为品牌的定语。在实践操作中,两者所针对的对象有很大区别,分别以产品实物和虚拟符号为主要研究对象,在研究方法、表现形式和核心内容上存在明显不同,分属于不同的学科领域和专业范畴。比如,品牌服装设计是针对“品牌服装”的产品设计,特指服装行业的“品牌化产品开发”;服装品牌设计则是指针对“服装品牌”的设计,特指服装品牌的 VI 设计。

在学习和实践的过程中，必须澄清两者的概念。

图 1-1　意大利品牌 Giorgio Armani 兼具奢华与知性的特征

（二）品牌服装设计

品牌服装设计是指以品牌经营理念为指导思想，以设计出符合品牌运作要求为目的的服装产品开发活动。从本质上看，品牌服装设计是企业在进行品牌建设的一系列相关活动中的一个活动，这一活动的核心任务是在企业经营方针的指导下，尊重服装品牌运作的客观规律，将品牌文化和发展愿景化作符合多方利益诉求的产品。概括而言，品牌服装设计是针对服装品牌的产品开发活动。

与面向一般服装产品开发的非品牌服装设计的区别是，品牌服装设计的最显著特征是必须时时刻刻以品牌建设为主线，以构成这一活动的三大要素为抓手，尊重品牌服装产品开发的行为特点和科学流程，发挥整个品牌运作系统的协同作用，在考查设计结果效益的同时，重视设计行为本身的规范化。造成这一区别的主要原因是，品牌服装设计活动本身具有品牌的烙印，是品牌文化的组成部分之一,自然会形成与品牌服装这一相对独立事物的特征相匹配的设计活动。

品牌服装的范围非常广泛,只要是符合品牌服装定义的服装产品都可以称为品牌服装。比如,从生产方式上看,服装可分为成衣服装和定制服装,两者在各自领域里都拥有一些著名品牌,但在很多环节上,它们的产品设计活动却有着很大区别。本课程的研究范围主要针对在服装市场上流通的成衣服装品牌及其设计活动,定制服装品牌及其设计活动不在其列,至于一般服装设计或非品牌服装设计活动更不是本课程关注的对象,只是用来与品牌服装设计活动作为对比而提及。

二、品牌服装设计的三大要素

从事物的构成要素认识事物,有助于抓住事物的本质(图 1-2)。

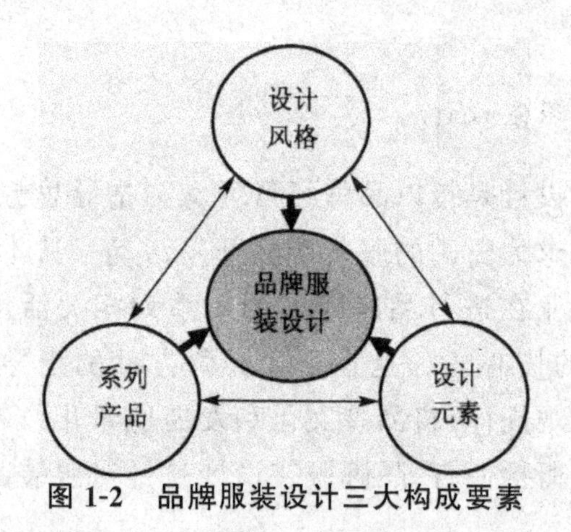

图 1-2　品牌服装设计三大构成要素

(一)设计风格

设计风格是服装品牌生存的灵魂。品牌化产品以设计风格为主线而展开,设计风格成为服装品牌之间进行差异化竞争的法宝。当两个品牌的设计风格过于接近时,消费者会产生认知困难;当一个品牌的产品设计风格差别很大时,消费者会产生认同焦虑。由此可见,设计风格在品牌中具有极其重要的作用(图 1-3)。

图 1-3　条纹针织是 Missoni 区别于其他品牌的典型特征

虽然风格可以顺应时代的变化而有所改变,但是,短期内品牌风格出现急剧的左右摇摆式的变化将使消费者无所适从,后者的品牌忠诚度也会因此而面临降至冰点的危险。在实践中,设计师一般都不愿意随便地改变设计风格,改变设计风格的行为大多数是为了迎合消费口味的变化。

(二)系列产品

系列产品是品牌服装主要的产品形式。品牌服装设计是以系列开发的形式进行的,系列化产品设计的重要特征是整体性、条理性、搭配性和计划性。整体性表现在产品形象的完整度;条理性在于产品推出的有序感;搭配性体现在系列之间或系列之外产品的互换关系;计划性考虑到系列在年度上的延续关系。

产品的系列化有助于设计风格的呈现。尽管每一件服装都可以带有某种设计风格,但是,系列化服装以其款式数量上的优势而强化了设计风格,这是以单件产品设计为主的非品牌服装所不具备的(图 1-4)。丰富的产品系列设计需要严密的计划作保证,一般情况下,产品系列需要在上市前的6个月甚至一年前就开始策划。

图1-4　品牌服装的重要特征之一是系列化,丰富的系列产品有助于展现品牌风格

(三)设计元素

设计元素是系列产品设计的构件。在设计风格确定的前提下,设计元素的正确选择和合理搭配可以控制风格的表现结果,系列产品在设计上的本质是设计元素的系列化运用。相对而言,理论上的设计风格是宏观而抽象的,必须依靠与之匹配的设计元素落实到具体的产品中,才能被消费者认知。不然,随意截取设计元素的做法只能使品牌化设计成为仅仅停留在口头上的奢望。

从整体上看,品牌服装的设计风格依靠一个个产品系列来体现,系列中的具体产品由一个个设计元素构成,这些组成服装产品基本构件的细小单位同样需要在设计风格的指导下,在系列产品的需要中进行处理。因此,设计元素是每个品牌应该十分重视的品牌服装设计要素之一(图1-5)。

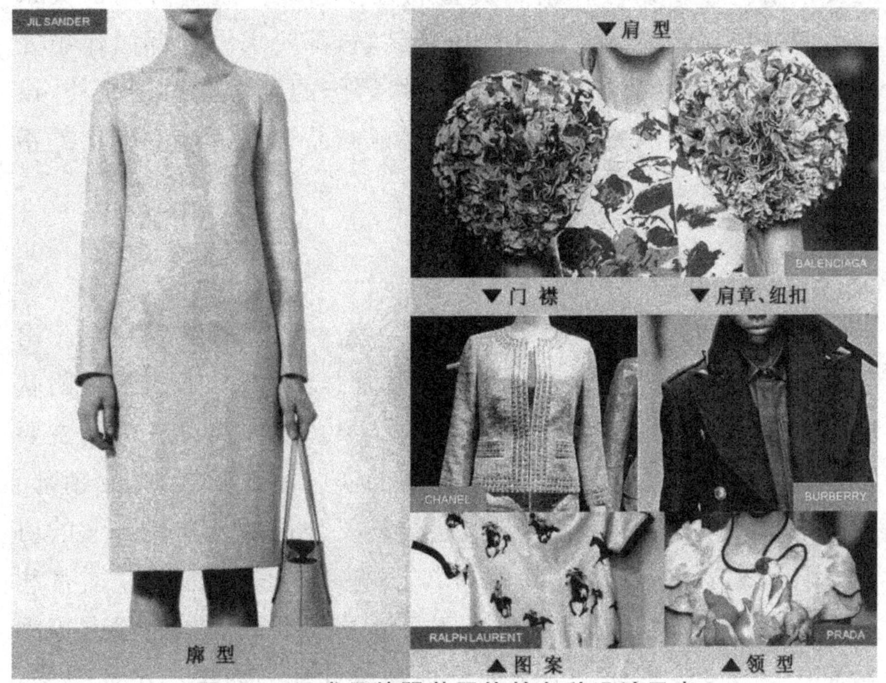

图1-5 组成品牌服装风格的各种设计元素

三、品牌服装设计的三大特征

尽管品牌服装设计和非品牌服装设计的最终完成形式都是服装产品,但是由于经营指导思想不同,其思维方式和操作方式存在很大差异,最终的表现结果也各不相同,特别是表现在销售终端的综合效果将存在较大区别。从品牌服装的三大构成要素可以得知,其设计活动具有以下三个方面的特征。

(一)设计的完整性

品牌服装设计的完整性在于保证各个环节的工作完备和整齐。品牌服装与非品牌服装的区别之一是前者强调品牌风格的延续或创新。既然设计风格是服装品牌生存的灵魂,那么,哪些部分需要延续？原有设计风格应该延续多大的比例？哪些部分需要创新？创新设计风格的类型和程度怎样？这些问题都关系到品牌的风格走向。无论延续还是创新，都要求设计部门作出完整的思考，才能使设计行为纳入品牌运作的正常轨道。此外，设计方案在内容上的完整与可行，是保证产品开发过程中不出差错或少出差错的关键。

（二）设计的规范性

品牌服装设计的规范性在于建立统一可行的游戏规则。由于品牌服装运作过程是一个计划性非常强的过程，强调各个团队之间运作上的配合，它是集体合作的结果。以作为设计部门主要工作成果的设计方案为例，设计方案的实施需要市场部、营销部、生产部等公司的许多部门参与，甚至需要公司外部其他企业的协作，设计方案将在这些部门内周转，这就要求设计方案在语言和图形方面使用规范的表达方法，不可随心所欲地因个人习惯等因素而任意改变。即使是为了便于提高设计部门内部的沟通效率，也要建立统一可行的表达规范，不能因为人员更换等因素而造成理解混乱。

建立设计方案表达的游戏规则，可以保证品牌目标的有效实施。相同内容使用不同方式表达，将造成其他部门理解和执行的困难，严重时将产生不可预计的后果。因此，规范性成为品牌服装设计活动的主要特征之一。当然，所谓的规范性是相对而言的。目前，服装行业在设计的表达方式上并无统一标准，每个成熟的公司都有一套属于自己的表达方式。因此，只有依靠公司内部的规范意识，才能形成符合公司实际情况和行之有效的规范格式。

（三）设计的计划性

品牌服装设计的计划性在于严格执行以时间节点为纽带的工作计划。由于受到供货商和经销商等诸多合作伙伴的系统性制约，品牌服装运作需要很强的供应链做保障，在产品系列的设定上也体现出明显的计划性特征。因此，品牌服装设计的计划性很重要，绝不能因为设计方案缺少计划性或者计划不严密而影响整个品牌运作计划的实施。由于品牌服装设计方案非常完整，要求包括多项内容，比如市场调研、产品设计、面辅料订货、样品试制等，这些内容需要集合不同部门的不同人员、经过不同阶段和采用不同方法才能落实，因此，计划的周密性就显得至关重要。

设计的计划性主要体现在设计的每个阶段的时间节点的安排与控制，严格按照“时间到点任务完成”的要求来操作，计划性就可以有所保障。对完成整个产品设计计划而言，其提前量通常在半年以上。此外，设计计划的制定要考虑到操作流程中可能出现的不可预计因素，留出适当的应急和调整时间，应对一旦试制或订货失败而可能造成的时间损失。

四、品牌服装设计的八种表现

与非品牌服装相比，品牌服装的设计过程和企求结果具有自身特点。结合当前服装企业在品牌运作方面的种种表现，可以将品牌服装设计的主要表现归纳为以下八个方面。

（一）重视设计企划

创立服装品牌是服装企业一项长期的连续性建设工作，需要在相当长的时间内得以成正果。产品开发的企划工作具有连续性和长效性，季节与季节之间、产品与产品之间的关联性远非一般服装开发可比。可以说，企划是否成功，决定了品牌成败的一半。

由于品牌服装的市场计划比较严密，需要服装设计环节的步骤也很严密。为了保证设计品质和绩效，每个销售季节的设计工作之细节必须环环相扣，不能有所闪失。其中，设计管理是必不可少的必要手段。

（二）弘扬品牌文化

品牌与非品牌最主要的区别之一是前者十分强调品牌文化。品牌文化是一个企业在品牌建设过程中长年积累下来的文化积淀，代表了品牌的价值取向、利益归属和情感认知，是企业形象和品牌精神的总和。品牌文化的载体之一是品牌故事，一个生动的品牌故事是产品赋予风格的理由，也是突出品牌形象和带动销售业绩的重要手段之一。

品牌文化是凝结在品牌上的企业精华。在品牌故事的引导下，适时推出与品牌文化倡导的品牌价值取向相一致的流行主题是产品设计工作的开端。品牌服装设计需要把品牌文化演绎成各种可感知的形式，有效地融入具体的产品中，在传递给消费者的同时，占领消费者的心智。

（三）操作环节复杂

品牌服装设计的目标是强调最终设计结果的完美，这一目标由出现在销售终端的产品来体现。然而，实现这一目标的前提是首先做到整个设计过程每个环节的完美。过程之和即为结果，强调过程的完美是为了获得结果的完美，一个完美的过程是一个完美结果的保证。因此，每一个操作环节的完美是最终设计结果完美的基本保证和先决条件。

为了做到这一点，在产品设计的程序上，品牌服装设计表现出相当的复杂性。从流行主题的选择、设计元素的归纳，到设计草图的审定、最终完稿的表现等，都需要经过由粗到精、由表及里的程序来保证。这也是由品牌服装设计的三大特征带来的必然结果，因为完整性意味着不可出现缺项，规范性意味着不能随心所欲，计划性意味着保持步调一致。

（四）设计成本昂贵

设计成本的昂贵在一定程度上保障了设计结果在品质上的

提高。为了追求完美的设计结果,相对增加的设计环节必然会带来相对高昂的设计成本。由于要求设计结果的精益求精,时间成本、资源成本和试制成本必然较高。但是,只要最后转化为产品的设计结果能达到预期效果,销售进入正常轨道,这些设计成本完全可以在销售业绩中消化。

许多品牌公司对产品设计的投入不惜成本。比如,定期组织设计师到国外采风、购买高价流行资讯等,不仅保证设计资源游刃有余,而且可以使设计师在工作中极大地提高自己。这也是一些设计师喜欢在大牌公司工作的重要原因。

(五)工作耗时较长

品牌服装产品的连续性上市特征决定了设计工作时间性质是延绵而漫长的。通常,一个销售季节的产品设计刚结束,下一个销售季节的产品设计工作又马上开始了,因此,品牌服装设计工作几乎是马不停蹄地连续运转,非品牌服装或定制服装则不受此限制,因为它们可以不具备品牌服装特有的连续性上市特征。

每一个设计方案从意图产生到货品上柜,将耗费设计部门乃至其他相关部门大量的时间和精力。设计师的充沛体力是完成设计工作的基本条件,在人才资源不十分充裕的服装企业,经常性加班加点也是设计工作的一大特点。

(六)强调设计能力

品牌的最高境界是“把产品当文化卖”,设计师是实现这一目标的主要执行者之一,是否具有整合品牌文化的底气尤为关键。这就要求设计师的综合能力和价值取向拥有相当高的水准,甚至一些企业在聘用设计师时很注重其学习经历和生活经历。这些经历在一定程度上折射出设计师的专业能力。

21 世纪是“得资源者得天下”的世纪,丰富的资源有助于设计结果的有效达成。设计师的从业经验可以反映出其可能拥有的包括信息资源和人脉资源等在内的设计资源,当然,仅仅拥有设计资源只是设计工作的初始条件，最重要的是应该懂得如何整合资源和利用资源。

（七）强调设计风格

品牌的生命在于风格，“流行易逝，风格永存”，成为法国著名设计大师香奈儿的名言。风格既是品牌之间进行差异化竞争的利器，也是树立品牌形象的形式语言。在产品设计中，风格的表现在于设计元素的应用。只有把相对抽象的风格用具体的服装产品表现出来，才能被消费者感知。

产品是表现品牌风格的载体，设计元素组成产品的关键。设计元素包括视觉的、触觉的、听觉的、嗅觉的、幻觉的成分，由生理感受和心理联想综合而成，是消费者之所以消费的理由。因此，熟练运用设计元素对品牌风格的把握至关重要。

（八）注重配合执行

确切而言，成衣设计的完成，应该做到样衣确认为止，并将整套设计的相关文件交给生产部门以后，才能算完成了全部设计工作。这个过程需要助理设计师、辅料采购员、样板师、样衣工、工艺员等的配合才能完成。即使设计任务到纸面为止就算完成，也需要部分或全部上述人员的配合。

众多部门、众多工种的配合，需要各相关人员在品牌理念和工作规范的引导下，形成统一的思想认识，贯彻统一而高效的行动。其中，对执行力度和时间节点有明确的要求，一旦步调不一致，后果轻则影响设计任务的完成，重则影响一个流行季的上柜计划，甚至品牌将一蹶不振。

第二节　服装设计师与服装品牌

服装设计师在服装品牌建设中的作用非常重要。虽然由于种种原因,目前服装企业对服装设计师的表现不尽满意而颇有微词,更有甚者,有些号称打造服装品牌的企业甚至放弃了组建自己的设计部门,靠一些非正常手段解决产品设计问题。应该看到,一个正常发展的服装产业应该有一个正常的设计师与品牌的关系,正确认识这种关系,对品牌服装设计工作的正常开展大有裨益。夸大设计师的作用或无视设计师的存在,对服装品牌的发展都是有害无益的。

服装设计师与服装品牌的关系主要表现在以下几个方面。

一、设计师在品牌中的地位

在服装产业基础不同的国家里,服装设计师受到的重视程度是截然不同的。在不同类型的服装品牌中,设计师的地位也是不同的。其主要原因是人们对设计师在服装品牌中的作用认识不同,由设计师本身的工作能力和工作业绩决定。

(一)产品设计的核心人物

品牌的精髓是产品,产品的最终面貌是在企划师确定一个产品框架以后,由设计师提供具体的产品样式。因此,如果经营者或企划师是品牌的灵魂人物的话,那么,设计师就是产品的核心人物。

虽然一个品牌要获得成功有多方面的因素,需要各个运作环节发挥团队精神,协同作战,但是核心的作用在这个团队中不可低估,没有拿出好的产品,一切计划将落空。值得注意的是,产品的灵魂人物并不等于是企业的灵魂人物。企业的灵魂人物是企业股份的最大持有者或经营决策的最大权力者,品牌经营业绩的好坏,主要责任在于企业的灵魂人物。只有当设计师已经蜕变为持有者或经营者时,设计师才是企业的灵魂人物。

(二)有一定产品确认权限

一个合格的设计师整天与产品开发打交道,应该有很好的市场悟性，其眼光之精确要超越常人。但是，考虑到年轻的设计师往往不具备这样的专业水准，或者流动性很大的设计师队伍在一定程度上难以确保其对产品的认真负责态度，企业也因道听途说或亲身挫折而怀疑设计师的责任心，因此，产品的最终确认往往由企业经营者或市场（营销）部所掌握。这也是一个合理的妥善的产品最终确认办法，采用集体智能比命系一人更为保险。

无论设计师拥有何种程度的确认权限，产品设计的结果始终是设计师最为关切的，设计师的最大的满足是获悉自己的设计结果被市场最大限度地接受。这不仅与设计师的经济利益直接挂钩，而且与设计师的名誉紧密相连，其业绩好坏将在业界迅速传播，“圈子很小”的行业现状迫使设计师对自己的名誉负责。因此，设计师应该摆正个人与企业、个性与流行、设计趣味与品牌风格的关系，尽量揣摸消费者心理，缩短产品与“作品”的距离。

（三）工作能力与个人魅力

设计师是一个比较强调个人魅力的工作岗位。在品牌运作中，个人魅力与设计师的个人工作能力在工作中发挥的真正作用有关，也与企业的规模或品牌的性质有关。一般来说，在以制造商品牌名义走向市场的服装企业里，设计师的影响力往往被遏制，只有在以设计师品牌名义走向市场的服装企业里，设计师的作用才被强调。即便如此，设计师在任何性质的服装企业里都不应该刻意追求自己的位置，而是要拿出工作实绩，用事实去证明自己的作用，才会有名至实归的个人魅力。

设计师岗位是一个比较容量引发浮躁心态的岗位，社会上所谓“名师工程”的影响造成了部分设计师急功近利的心态，不切实际的眼高手低现象尤为严重，一些设计师得陇望蜀的做法常常让企业不堪忍受。事实上，因设计师的技术能力或处事方式而引起的工作失误，其损失将超过设计师薪酬的成百上千倍，并有可能使投资计划成为泡影。因此，设计师对自己的工作千万不能掉以轻心，应该把自己看成整个品牌运转机器中的一个零件。

二、服装设计师与品牌的关系

设计师与品牌的关系是相互依赖、共同发展的关系。正如电影与演员的关系，大制作可以捧红一个新演员，大明星可以救活一个小制作。为了形象地说明问题，我们把著名品牌称为“大牌”，普通品牌称为“小牌”，把著名设计师称为“大师”，年轻设计师称为“新人”。当然所谓的“大”与“小”、“新”与“老”都是相对的，没有具体的评判标准，只有约定俗成的习惯看法。

（一）大牌与大师的关系

大牌与大师的组合是一种非常完美的组合。大牌一般有雄厚的资本实力和稳定的市场份额，有足够的可供设计师施展才华的舞台，大师则在设计能力和名声方面与大牌对设计工作的要求旗鼓相当，两者匹配，相得益彰。比如，国际大牌与国际大师结合的例子比比皆是，被誉为国际时装界常青树的香奈尔（Chanel）品牌与国际级设计大师卡尔·拉格菲尔德（Karl Largefilde）就是一档黄金组合。

（二）小牌与大师的关系

小牌与大师的组合是一种企业借力的组合。一些很有发展潜力的小牌可以聘请大师担当设计，虽然设计成本偏高，但是，小牌可以借此学习大师的工作方法，凭借大师在业界的名气而撬动某些社会资源，有助于品牌素质较快提升。需要注意的是，这种组合的工作关系应该建立在双方平等共赢的基础上，因为大师可能会将过多的个人意见凌驾于小牌之上，使得小牌难以正常开展工作。

（三）大牌与新人的关系

大牌与新人的组合是一种比较有益的组合。基于这种组合决策的大牌往往是积重难返，缺少活力，希望依靠引进新人的办法，为品牌注入新的活力，而新人则可以借助大牌雄风犹存的架势，在设计的过程中得到锻炼。比如，这种组合最成功的范例是Gucci品牌与设计师汤姆·福德(Tom Ford)的组合。意大利老资格品牌Gucci在20世纪90年代初已显出疲态，为了开创新局面，打破当时的僵局，该品牌大胆启用美国新生代设计师汤姆·福德，后者为该品牌带来新鲜空气，使它起死回生。步其后尘，法国顶级品牌迪奥(Christian Dior)和纪梵希(Givenchy)也分别聘用了当时的英国设计新秀约翰·加里亚诺(John Galliano)和马克奎恩(Alexander Mcqueen)担纲设计，使人们看到了老品牌的无限生机。

(四)小牌与新人的关系

小牌与新人的组合是一种比较务实的组合。虽然小牌因为规模较小而整体实力有限，但是只要小牌的运转正常和健康，并不乏发展空间，而且小牌留有相对较大的创新空间，调整起来比较容易。尽管新人没有多少实实在在的从业经验和辉煌业绩，但却不乏拼搏精神和清新的时尚嗅觉，完全可以在这样的组合中得到锻炼和提高，两者的结合也更容易在一个同等级的平台上对话。

三、设计师与品牌的磨合

无论大牌还是大师，小牌还是新人，他们在组合之初都需要一个或长或短的磨合过程，才能达到最佳运转状态。在磨合期，双方都会因为缺少了解而感到一定程度的艰难。如果磨合期过长，将对产品设计工作非常不利，对品牌的发展也极为有害。因此，在遇到问题时，双方应该尽量站在对方的立场上考虑问题，尽快缩短对各方都有危险的磨合期。

（一）设计师与品牌磨合的焦点

1.对品牌风格的认同感

认同品牌既有风格是设计师最初进入工作状态的理由和前提。要做好工作不能排除工作者对自己所做工作的兴趣因素，对有兴趣的工作容易比无兴趣的工作做得更好，这是主动工作与被动工作的关系。做好设计工作的前提是首先要对自己加盟的品牌真正从内心上认同和喜爱，因此，设计师要认真研究本品牌的特点，调整以前工作留下的设计思路，使品牌风格与个人设计思路保持一致。

2.对消费心理的把握度

把握消费心理是设计师进入工作状态之后必须掌握的利器。每一个能够在市场上占有一席之地的品牌都代表着一定的消费群体，都有其存在的理由，设计师是为企业服务的，企业是制造产品的，产品是为消费者服务的，设计师在为企业服务或企业在制造产品的同时，眼光都是关注消费者的，因此，设计师应该摆正自己的位置，不是在设计中表现自己而是用设计来表现消费者，消费者的所想所欲才是设计指南。

3.对企业文化的归属度

归属企业文化是设计师减少与企业发生摩擦的重要条件。设计师与品牌的磨合还包括对品牌所属企业的认同，对企业的认同在更大程度上是对企业文化的认同。设计师的工作环境是企业文化的环境，企业的价值观念、人际关系、运作模式和利益机制并不适合每一个人，设计师只有在自己认为合适的工作氛围内工作，才能如鱼得水般地发挥设计潜能。从人的适应性来说，刚到一个新环境的第一个星期是最难习惯的，能度过一个星期就有可能度过一个月，过了一个月就可能过一个季度，过了一个季度就可能过一年，随后就有一个相对稳定期。过于频繁的跳槽对企业和个人均是不利的。

（二）设计师与品牌磨合的途径

1.工作交流会

工作交流会即在品牌服装公司各部门之间召开的阶段性工作情况汇报例会。在交流会上，各部门都可以就品牌运作过程中遇到的问题进行讨论，设计师要广泛听取各部门对本职工作的意见，也要清晰地将自己的想法传达到各部门，提高解决问题的效率。

2.市场信息反馈

市场销售的反馈信息对设计师改进设计品质有很大帮助。设计部门应当注意每个产品在本品牌或整个卖场内的销售排行榜上的位置，虚心听取来自销售第一线的意见，注意各方面反映的优点、缺点和希望点分别在哪里，将这些意见经过取舍以后翻译成设计语言，融合到以后的设计工作中去。

3.工作现场

设计师的上道工作环节是企划部，下道工作环节是技术部或生产部。设计工作是夹在两者中间的一个环节，设计部门要注意与上下两个环节经常沟通，在商场、车间等发生问题的现场及时解决问题。因为工作现场遇到的问题更具有紧迫感和真实感，多方会合在现场办公可以提高解决问题的效率。

4.检查制度

工作检查制度是保证品牌运作顺利进行的步骤之一。工作检查是由上级对下级的检查，既可以是定期的，也可以是不定期的，通常以抽查的方式进行。设计师对工作检查不能持有抵触情绪，而是应该就设计工作中出现的问题与检查者探讨，使被动的工作检查变成主动的工作配合。

（三）设计师在企业的成长路径

以前，国有企业常常附带培养人才、教育人才的功能，有些大型企业不仅有自己的技术学校，甚至还有职工大学，对人才进行内循环式的培养。目前，疲于市场奔命的服装企业大都没有长远的人才培养计划，庞大正规的培训计划无疑会增加企业运作成本，人才的频繁跳槽也使企业对培养人才心有余悸，企业在人才方面是实用的“拿来主义”。设计师的成长几乎是靠本人的悟性和自我充电计划完成的。

1.从基础工作做起

从基础工作开始做起的好处是可以真正地熟悉基层工作的基本情况。一些国际著名大财团为了将庞大的财产交给过硬的接班人，通常将其首先放到基层工作中锻炼，从中考察其工作能力。设计工作也一样，许多国际著名设计师是从学徒工到裁缝师傅开始一步一步成长起来的，因为任何一个伟大人物都是从蹒跚学步开始走上辉煌事业旅途的，只有这样，设计师的专业基础才会真正地扎实，可以在今后的工作中轻而易举地解决各种可能遇到的问题。

2.从多个环节做起

从多个环节做起的好处是可以全面了解各环节真实的工作状态。任何一项巨大的工程都是由一个个细小的环节组合而成的，服装产品的开发是一根有许许多多环节的、从头到尾都贯穿着不少变数的链条，如果通晓了各个环节的工作情况，对设计如何与这些环节配合将起到很大作用。因此，国外有些品牌服装公司通常让刚聘用的应届毕业生的第一年从站柜台开始，再进入工厂部、市场部、仓储部等部门，让他们熟悉企业运作状况，积累工作经验和沟通能力。

3.从市场意识做起

从培养市场意识做起的好处是让设计师通过对市场需求的了解,摆正个人、品牌与市场的关系。设计最忌讳的是闭门造车,这种结果对企业来说很可能是灾难性的。由于个性或环境的原因,有些设计师不愿走出写字楼,而是凭着手中的资料进行一些极易脱离市场的设计。深入市场,不是要设计师去模仿抄袭市场上流行的款式,其实是在培养临场感,体会市场态势,观察品牌状况,感受消费热点。在市场上多一些“浸泡”,一定能培养起市场意识,从而使其设计的产品多一点市场感觉。

4.从自我成长做起

从培养自我成长意识做起的好处是找准自己的职业发展方向,合理处理企业与个人的关系。既然目前的企业已普遍舍弃人才培养的功能,设计师就只能依靠自己的成长意识来不断充实和完善自己。透过有较多个人成分的设计工作来看,设计工作的实质仍然是团队协作,因此,如何将自己尽快融入企业的品牌运作机器,是一个新加盟设计师要解决的课题。另外,一个设计师工作能力的高低是相对而有限的,不可能胜任任何设计工作,只有在工作中树立自我成长意识,才能积累起适应更多工作需要的设计经验。

四、设计师在企业中的工作内容

品牌的成长培养了设计师,设计师的才智也促进了品牌的成长。在品牌服装公司,设计师的工作内容因公司体制而异,因个人能力而异,设计师在其中发挥的作用也各有千秋。

一般来说,小型品牌服装公司的设计师的工作内容多样,几乎要完成所有与设计沾边的工作。除了完成作为本职工作的产品设计以外，还要兼做产品包装设计、卖场形象设计、企业环境设计等，虽然工作异常辛苦，但可以得到有效的设计工作能力的锻炼。因此，从小型品牌服装公司中走出来的服装设计师，其设计能力的全面性比较突出。但是，由于设计内容太多，工作精力分散，设计品质的高度可能会受到一定的影响。

相对来说，大型品牌服装公司的设计师的工作内容单一，只要完成其经过细化了的设计分工工作即可，其他设计工作可由另外的设计师完成，虽然个人将因此而得不到其他设计工作的锻炼，但其工作的专门性较强，因此，经过大型品牌服装公司锻炼的服装设计师，其设计技能更为专业。

概括起来，品牌服装公司的设计工作内容大致上分为产品设计、结构设计、工艺设计、包装设计、店铺设计、广告设计、企业环境设计等几个板块，分别由多个部门分工完成（表 1-1）。

表 1-1　设计人员分工表

	职能人员	内容
产品设计	服装设计师	服装的款式、图案、色彩等设计
	饰品设计师	服装的饰品与配件等设计
	面料设计师	服装面料的开发与设计
结构设计	服装样板师	服装款式的样板结构设计
工艺设计	服装工艺师	服装加工工艺和生产流程的设计
包装设计	平面设计师	服装的产品标识、VI 形象等设计
	平面设计师	服装的包装材料、商品包袋等设计
店铺设计	环艺设计师	服装的卖场环境、商场道具等设计
	陈列设计师	店铺的商品陈列、服务形象等设计
广告设计	平面设计师	适用于各种媒体形式的广告设计
	平面设计师	适用于产品介绍的各式样本设计
企业环境设计	环艺设计师	企业内部的区域布局、办公环境等设计

第三节　品牌服装色彩的基本概念

一、品牌服装色彩的概念及特征

（一）品牌服装色彩设计的概念

1.概念特征

色彩是服装文化当中最重要的因素之一，同时，它也能影响人的情绪。颜色能帮助我们表达个性化的自我，也能影响我们对彼此的印象。服装色彩是以服装为对象，对不同类型的款式、面料以及不同季节的服装进行色彩布局设计的创造活动。服装色彩是服装的一个基本而重要的组成因素，服装设计中的色彩是"立体色彩"的概念，需要通过服装的款式造型及面料质地等来展现。

服装色彩的视觉冲击度是考量服装设计成败的重要价值取向。服装色彩如同一种特殊的美的语言，可以解读服装色彩独特的设计语言符号，分析其理念内涵与视觉表象之相互关系。并且，服装色彩的有效应用与变化，对于提升对设计作品的认知及加大作品的感染力度等都有着重要的作用（图 1-6 至图 1-8）。

色彩是服装给人的第一印象。据有关服装市场调查数据表明，在影响人们选购服装的几个服装属性中，色彩属性起着主要的决定性作用。在商场购物时，顾客往往会被某件服装的色彩吸引而驻足挑选；往往也会因为色彩不合适而放弃购买某件服装的念头。因此，服装色彩在服装设计中起着至关重要的作用。

服装色彩是指以服装面料、服装配件材料为载体所表现出的某种色彩形式。而服装色彩设计是指运用科学的方式、艺术的手段对服装色彩的内在因素与外在因素进行研究、统筹，以期达到整体服装色彩表现效果的过程（图 1-9）。

图 1-6　服装色彩的感染力(一)

图 1-7　服装色彩的感染力(二)

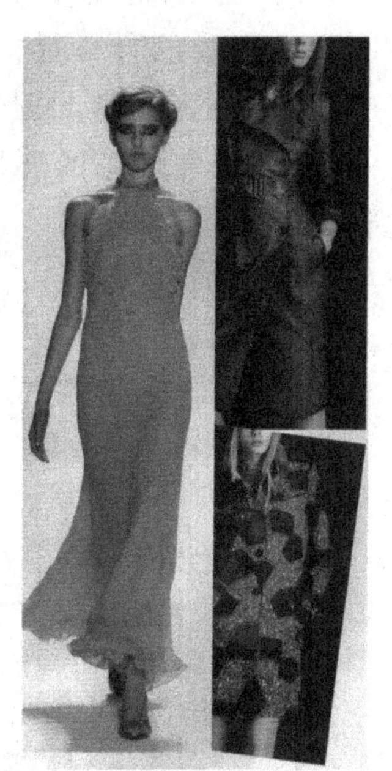

图 1-8　服装色彩的感染力(三)

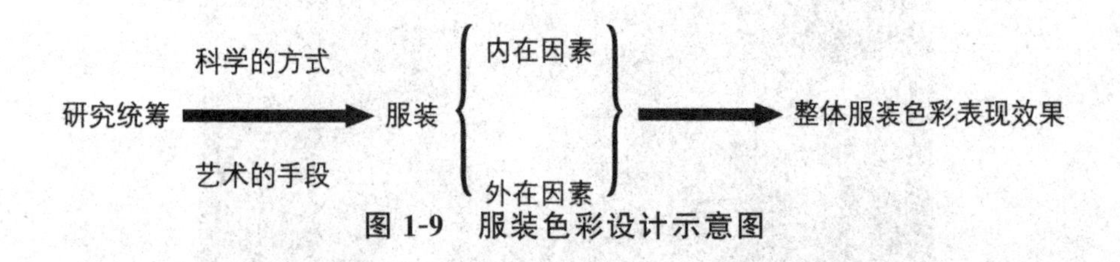

图 1-9　服装色彩设计示意图

2.服装色彩的内容及设计研究的范围

如果我们对服装色彩进行详细的划分，应该包括四个方面的内容，即躯干装色彩、内附件色彩、附件色彩、配饰件色彩。[1]

服装色彩设计研究的范围十分广泛，主要包括服装色彩的科学因素、服装色彩的社会因素、服装色彩的个性因素、服装色彩的服装因素、服装色彩的环境因素等。其中，服装色彩的科学因素是指色彩与物理学、生理学、心理学、美学等之间的联系；服装色彩的社会因素是指服装作为一面镜子，折射出社会制度、民族传统、风俗习惯、文化艺术、生活方式等各方面的特色；服装色彩的个性因素又涉及色彩与着装者的性别、年龄、体型、职业、性格等之间的关系；服装色彩的服装因素包括色彩与款式、面料、图案之间的联系；服装色彩的环境因素是指色彩与生活区域、使用场所、国际流行之间的关系。服装色彩设计研究的范围是系统的、综合的。学习时应拓宽知识面，有助于服装色彩的完美、深入表达。

[1] 所谓躯干装色，彩即上衣和下裳的色彩，它们决定着服饰色彩形象的大效果、主旋律，构成了服饰色彩的核心内容，也是狭义的服装色彩概念；内附件色彩是服装色彩构成中的必要因素，诸如内衣、领带、袜子、鞋子、帽子、手套等；附件色彩与躯干的关系比较松散和间接，是色彩强化因素，诸如提包、伞具、扇子、墨镜等；配饰件色彩以外加的方式实现着色彩美化的目的，没有明确的实用功能，如果有也是次要的，主要包括首饰、发型、文身、化妆等。

（二）品牌服装色彩设计的特征

服装色彩的四个特征:实用性、象征性、装饰性、民族性。

1.服装色彩的实用性特征

由于色彩的多种色相有着不同的视觉效果,人们将各种色相的运用结合进自己的生活中,为自己在特定的环境中选择最为理想的色彩。这就是色彩的实用性。例如,士兵野战服装的色彩多选用黄褐色,这是为了能更好地起到隐蔽作用。又如,户外野营服,一般选用较为鲜艳的色彩,纯度、明度均很高,为的是在野外便于寻找、在人群中便于辨认而不致失散等。色彩能直接为穿着者达到目的或带来便利,这正是其实用性的体现(图 1-10)。

图 1-10　野营与野战服装

2.服装色彩的象征性特征

色彩的象征性一直被人们广泛应用,并赋予它各种想象。如白色象征着纯洁;红色象征着喜庆;黑色象征着力量;黄色象征着活泼、热烈、权威等。长期以来,服装的色彩能反映人们的观念。色彩象征和体现着人们的地位和个性(图 1-11)。

图 1-11　服装色彩的象征性

3.服装色彩的装饰性特征

色彩在服装上的装饰效果,在我国一些少数民族服装上得到了充分的体现。装饰图案和艳丽的色彩对服装的修饰作用,使服装的视觉效果更加突出,如苗、彝族服装的裙装与袖花等是纯装饰性的,它一般用单一或多种色彩构成装饰,对服装局部进行精心点缀加工(图 1-12)。

图 1-12　服装色彩的装饰性

4.服装色彩的民族性特征

由于各地区各民族的自然环境、气候和生活习惯的不同，服装的色彩往往具有地区特性与民族特性。比如，生活在沙漠一带的民族比较喜爱绿色，而且将想象中的花草图案用于自己的服装之中，久而久之，便形成一种独特的民族喜爱的形式和爱好，形成该民族特有的色彩感觉。在服装色彩的设计中应了解所设计的服装穿着者的地区与民族的色彩观念（图1-13）。

图1-13 服装色彩的民族性

二、品牌服装色彩的研究现状

（一）实用性的品牌服装色彩

服装的两大功能是实用功能、审美功能。服装色彩是服装设计的主要因素，理所当然服装色彩的实用性也是最基本的性能。

在日常生活中，服装与人的关系最密切，“人生归有道，衣食固其端”，“衣、食、住、行”，“衣”为首，“远看颜色近看花”，可见，服装色彩对人的感官刺激和冲击力是很大的。根据用途不同，服装的颜色也有很大不同，如猎装的设计，就要考虑与大自然的色彩相协调；迷彩服的设计，就要考虑它的隐蔽性；但消防服、登山服等，颜色很艳丽、很刺眼，这与着装者工作环境的安全性相一致，设计时需要对比强烈的色彩。

生活中的服装色彩往往强调的是与周围环境色彩的协调。如果在特定的工作环境和场所，穿着一身得体的服装，会使穿着者显得稳重大方，有气质、有内涵。相反，穿戴不合体、色彩搭配不协调，会给人以不良的视觉印象。可见，服装色彩在现实生活中对人的影响是很大的；从服装心理学的角度来看，穿着者很注意观赏者的色彩评价和色彩反应，所以，人们在各种不同的社交场合，根据不同的工作需要而选择不同的服装色彩。

作为实用性的服装色彩，可以简单地从以下几个方面来分析。

1.季节方面

一年之中，四季轮回，不同的季节通常应选择不同的服装色彩。[1] 但现在街上的流行色已打破了服装色彩的季节性；个性的表现进一步激发出了实现自我的强大推动力量（图 1-14 至图 1-21）。

---

[1] 一般情况下，在春季，人们多习惯性地选择一些与季节相协调的浅色、粉色系列；在夏季多选择明度高的色彩系列；在秋季则宜选择一些棕色、黄褐色系列，显示出一种收获与成熟的意味；冬季多选择一些明度低、偏暖的色彩系列。但在经济高度发达的今天，很多服装的色彩搭配已经没有明显的季节区分，“二八月、乱穿衣”，“穿衣戴帽、各有所好”。人们更多追求的是个性的表现，自我实现的需要。

图 1-14　春装图例(温文尔雅的淑女装色彩)

图 1-15　春装图例(柔和的上衣与亮丽条纹裙的抢眼搭配,突出层次感)

图 1-16　夏装图例(韩国的服装注重色彩的搭配,年轻人显得更加青春靓丽)

图 1-17　每年度的流行色预测与发布引领服装色彩的变换

图 1-18 街头时尚色彩富有生动感和随意性

图 1-19 秋装图例(红色与白色的间隔既成熟又显可爱)

图 1-20　秋装图例（韩国 Ys'B 奢华与性感的豹纹皮草围巾）

图 1-21　秋冬装图例（在寒冷的冬季，深色的裙子配上红色的毛衫，或深色与浅色的互相搭配，外穿一件深色的外套，稳重大方又不失时尚感）

2.品牌服装的商业运作方面

作为商品的品牌服装,无论是在设计过程还是加工过程,都凝聚着设计者和加工者的劳动和心血,服装产品本身就是一件件精美的设计作品。每个季度商家推出的系列产品,都是按照国家标准号型来生产的,一般情况下,每个系列至少不少于三个号型,每个号型一般不少于三种颜色:目的是让消费者根据自身的色彩喜好来选择适宜的色彩。在超市或专卖店都有不同的挂件与组合,有的品牌服装场面很大,讲究购物环境,每个号型的颜色都有五六种之多,可以满足不同色彩偏爱的消费需求。橱窗设计更不容忽视,它是服装品牌对外展示产品的窗口,是消费者了解产品的时尚前线(图1-22至图1-24)。

图1-22　POZO服装展览设计

图1-23　OMSER服装的橱窗展示设计

图 1-24　Pasaco 服装陈列设计

（二）创意性的品牌服装色彩

所谓创意性，是指在实用的基础上利用艺术的、夸张的手法来渲染设计意图，以完成所要表达的目的和效果[1]。创意性的服装色彩设计追求的是意识形态、设计理念、视觉冲击力，是一种唯美思想、和谐主义；是人们基本的生理、心理需要与深层次情感需要的理想冲动和情感升华。作为创意性的服装色彩可以从以下几个方面来分析。

1.社会群体性

社会群体性的服装色彩创意多出现在大型活动、集会场景，如大型运动会的开幕式和闭幕式、歌舞晚会、时装发布会等。活动的内容要有主题，服装色彩的创意也要围绕这个主题进行规划、设计。群体性的服装色彩创意一般为大系列的设计，设计者应该具有宏观的色彩组织和调控能力，以便激发参与者和观赏者的参与激情和观赏热情（图 1-25 至图 1-29）。

[1] 创意性的服装色彩多出现在时装发布会、时装秀、广告宣传、舞台戏剧服装中，主要是运用色彩的搭配、调和、对比等形式法则，使服装的色彩表现力比日常生活中的服装更加绚丽、引人注目，以达到设计者、生产商引领时尚潮流的目的。

图 1-25　歌舞《大地情结》服装色彩组合

图 1-26　Pierre Cardin 06/07 秋冬时装发布会

图 1-27　第 24 届汉城奥运会上的运动队服色彩

图 1-28　法国 BARS 时装秀

图 1-29　南非“世界可持续
发展首脑会议”上歌舞表演的服装

2.学院派的理念创意性

学院派的创意性设计，侧重于艺术效果和思想理念；寻找不同的生命意境，拥有原创的感性与张力。主张“时尚·色彩·材料”相结合，拓展主题的延伸性，把方法与创意的结合作为设计的优化元素，配合实验性和先锋理念，强调设计方法的辐射思维、逆向思维的形式（图1-30至图1-34）。

图1-30 英国温彻斯特艺术学院学生设计作品

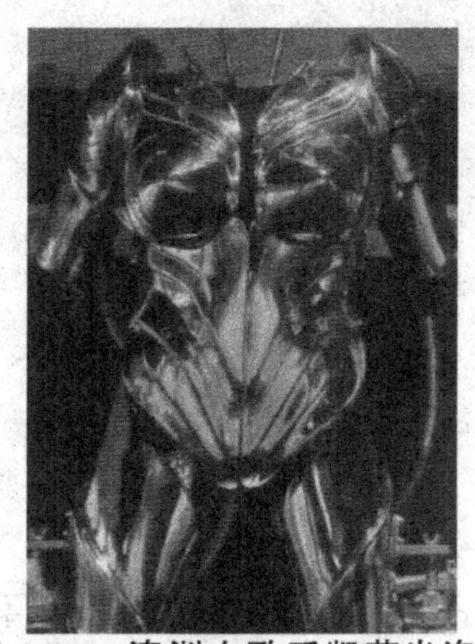

图1-31 澳洲女歌手凯莉米洛德服装：黄金胸衣创意

图1-32 国内学院派代表人物吴海燕的时装作品

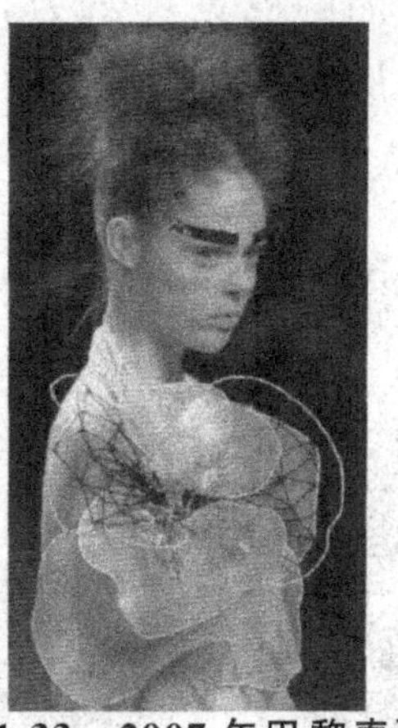

图1-33 2007年巴黎春夏时装周上的创意设计

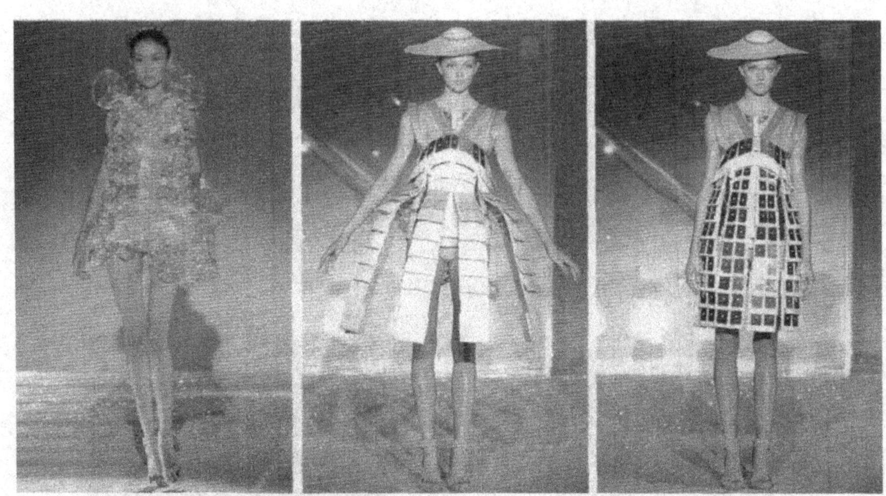

图 1-34　2007 年春夏巴黎时装周上 Hussein Chalayan 的创意设计

3.市场运作的宣传性

在产品批量化生产的今天，很难通过产品的性能和质量来分辨产品的好坏。一件衣服没有经过长时间的试穿，我们很难判断它的色牢度、定型性、耐洗性，越来越多的商家追求产品的包装和宣传，聘请专业的媒体策划公司进行色彩计划和设计，目的是突显产品的视觉冲击力，让消费者加深印象，扩大产品的知名度。各个服装品牌的形象代言人就是市场运作宣传的有效方式，即"名人效应"(图 1-35 至图 1-37)。

图 1-35　Gucci 时装品牌的市场形象宣传

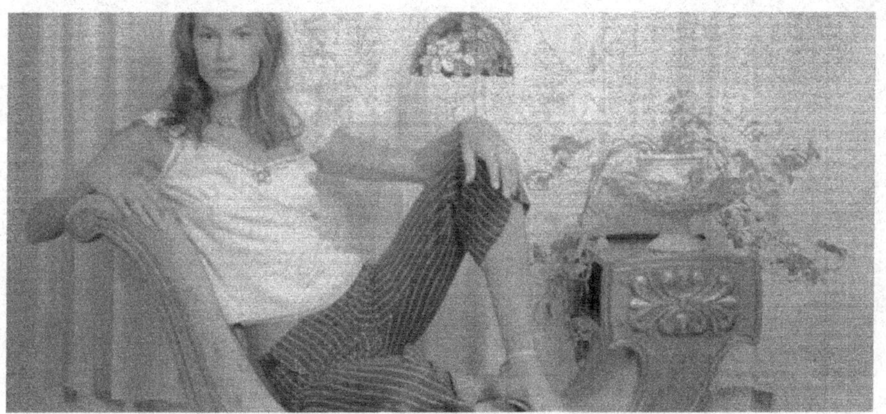

图 1-36　[eni:d]品牌的市场形象宣传

图 1-37　VERSACE 的时装广告色彩神秘而高贵

第二章　品牌服装设计流程与方法

一根纤维，经过梳理、加捻，被纺制成了纱线；一根纱线，经过络筒、织造，就变成了坯料；一块坯料，经过染色、整理、检验，就成了一块可以用来生产服装的面料。至此，纤维完成了它从纤维到面料的旅程，这个旅程，就是仅仅只是纺织的基本流程，其中还有无数个大大小小的看不见的工艺环节。每个环节的优劣决定了运行品质的高低。品牌服装设计也有它自己的流程，其运行品质也一样由环节的优劣决定。在品牌运作过程中，产品设计工作是重中之重，设计结果的优劣直接影响品牌的生存。从某种角度来说，产品设计是依据一定的设计形态，对设计资源和设计元素的整合。

第一节　品牌服装设计的流程

一、品牌服装设计基本流程

作为品牌服装运作的重要环节，产品的设计开发工作干系众多、情况复杂，涉及的面很广，非一条线索可以讲清，必须通过对这一事物的多个层面研究，才能理出头绪。

（一）产品设计一般流程

虽然服装企业在所有制类型、企业规模、品牌定位和产品特点等方面的具体情况千差万别，但是在服装新产品设计开发活动中所遵循的基本规律应该是一致的，所不同的是产品类别、系列组合、设计数量、上柜日期等差别。根据企业实际运作中涉及的价值流、信息流、物品流“三流”要素，新产品设计开发的基本流程如下（图 2-1），其中，深色部分代表价值流，浅色部分代表信息流，灰色部分代表物品流。

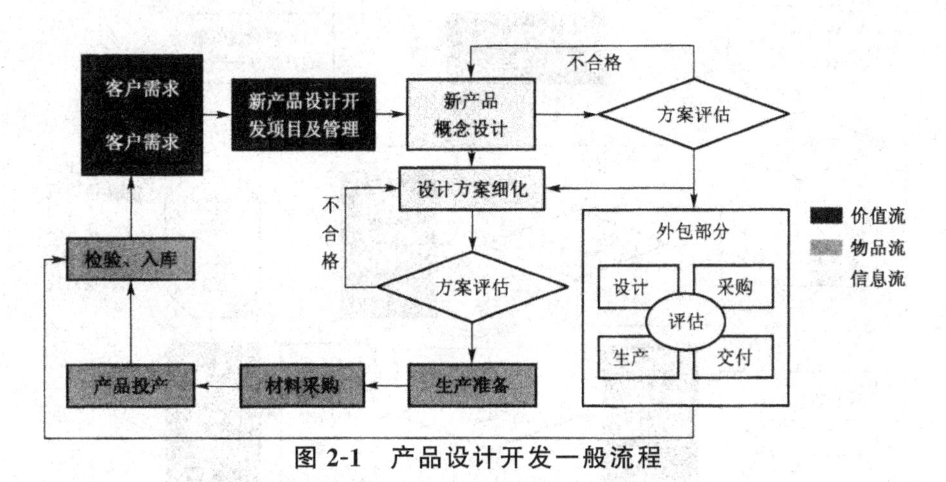

图 2-1 产品设计开发一般流程

（二）品牌服装设计基本流程

根据服装产品设计的行业特点，结合服装品牌的基本特征，可以将图 2-1 所示的产品设计一般流程转化为图 2-2 所示的品牌服装设计基本流程，图中可以看出较为详细的品牌服装产品的基本设计流程。

从这个流程中可以看出，“三流”要素中的信息流得到了强调，体现出服装设计过程对信息的依赖程度；融入品牌理念的实际设计操作环节在价值流里面得到体现；由于是针对产品设计的流程，包括采购、生产、仓储的物品流被简化了。值得注意的是，在各个阶段分别经过分级审核和提出修改意见，强调了审核的分量。这个流程面对一般的服装产品设计，不同企业应该根据自身特点进行微调，简化或者加强某些环节，使之更加符合企业的实际情况。

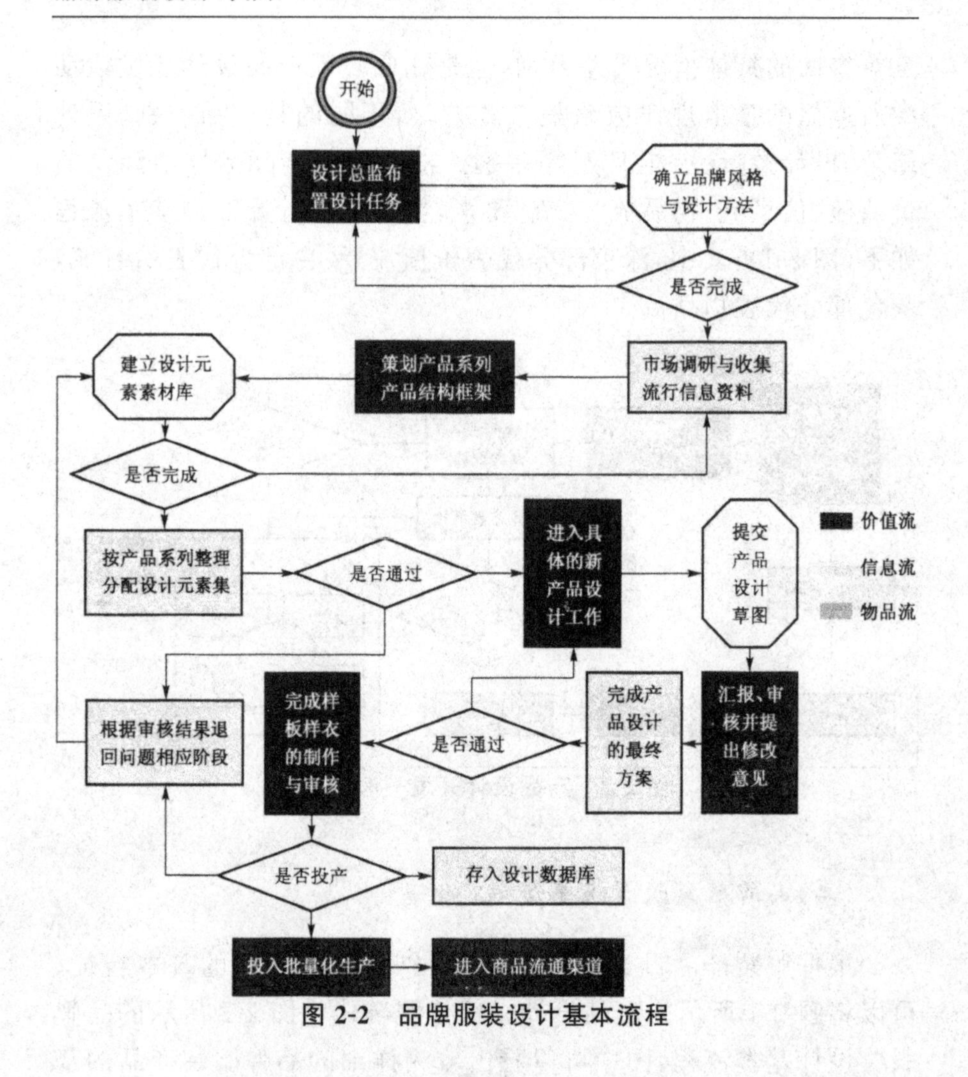

图 2-2 品牌服装设计基本流程

二、品牌服装设计的准备阶段

孙子曰:知己知彼,百战不殆。在此引申,“己”为本身,“彼”为市场和对手品牌。企业界人士对市场竞争最大的感触如出一辙:商场如战场。为了不打无准备之战,设计前的准备工作是必需的,其中要做的准备工作是服装市场调研、储备设计资源、修炼专业水平、端正工作心态和分析设计任务。服装市场调研在本书第四章中将有详述,在此不作分析。

（一）准备阶段的内容

1.人才准备

在人才准备阶段，企业应该根据设计团队的现有状态，总结上一个流行季节的产品销售情况，以“人尽其才”为原则，适当补充、调整设计队伍的人员构成。无论是新来的设计师，还是留任的设计师，无论他们岗位高低如何，也无论各自工作业绩如何，企业都应该尽可能创造好适合品牌发展和展开设计工作的人文环境，调节好设计师的工作心态，帮助他们以饱满的工作热情投入到下一销售季节的产品设计中。

2.信息准备

在信息准备阶段，要收集各种对设计必需和有利的外界信息，目的是为产品企划提供依据。市场信息是现代商业取胜的情报，包括流行资讯、市场信息、面料采集、行业动态等。收集的信息应该细化，如市场信息包括竞争对手的信息、目标品牌的信息、参照品牌的信息，等等。信息的收集至关重要，收集工作必须全面、准确，排除虚假和无用的信息。严格来说，收集信息的工作应该在产品企划前进行，但是，企划完成以后的收集将会提高信息收集工作的准确性和高效率，因此，有些企业同时进行这两项工作。

3.硬件准备

在硬件准备阶段，企业应该认真准备好产品设计工作可能用到的机器设备、消耗材料、办公环境等一切硬件条件。作为品牌服装设计的主体之一，企业在硬件准备上的作用是设计师无法替代的。好的工具是环节流畅的重要条件，好的材料是保证成果的必备基础，好的环境是调节心态的有力武器，因此企业应该在硬件条件的准备上多花一点精力，用良好的物质手段催生思想产品，以完美的工作条件换回最终成果。

（二）准备阶段的要求

1.储备设计资源

设计资源可以分为现行设计资源和潜在设计资源。在品牌服装设计中，现行设计资源是指目前正在被本品牌所利用的各种资源，如设计师、设计信息、设计材料、工艺技术等。潜在设计资源是指社会同行所拥有或散存于社会的资源，如尚无合作关系的设计工作室、专业网站、面料商、同行企业、商场等。

为了实现设计效果的多样性和领先性，必须积极开发新的资源，了解新的信息源、材料源和技术源，做好设计资源的储备工作，以备不时之需。首先是拥有资源信息，通过与外界的沟通与交往，积累为我所用的设计资源；其次是选择资源对象，对资源加以取优去劣的整理，进行深入了解，必要时可以通过尝试利用或粗浅合作的方式，对可用资源进行有效整合，形成自己的资源网络。如果平时能够建立专业资源档案的话，将是一个很好的工作习惯。

2.修炼专业水平

如今从业的服装设计师，虽然绝大部分都具有专业教育背景，拥有相当的专业知识，但是，设计师跳槽现象严重，改换新的企业或服务新的品牌对许多设计师来说有一个逐渐适应的过程，通晓品牌和产品知识是做好设计的必备功课，尤其是应届毕业的准设计师，专业水平更待提高。因此，需要注意平时专业知识的积累，不断提高专业眼光和专业表达能力，所谓“拳不离手、曲不离口”。

为了达到这一要求，应该养成良好的个人工作习惯，保持强烈的职业好奇心，使自己处于非常职业化的状态。比如，身边常备可以随时记录的设计手稿集（草图集），经常进行各种资料的收集，甚至一些看似毫不相干的事物也可以作为启发设计灵感的来源而收入囊中。此外，经常光顾专业展览会或设计师沙龙等专业活动同样可以增长专业知识和思想见识。

3.端正工作心态

设计师在事业上成功与失败的影响因素很多。设计师难能可贵的是个性，但是，在就职于某一个企业的时候，应该注意两个问题：一是设计个性的表现要恰如其分，不能完全把产品作为展现自己个性的工具，即以品牌风格为中心，以消费者为中心。服装企业有一个约定俗成的原则：卖得好的产品就是好的设计。二是无论成功与失败，都不能用以前的经历来影响眼前的设计工作。尤其是进入一个新的企业，由于品牌的环境发生了变化，没有“放之四海而皆准”的产品，在A品牌卖得好的产品不见得在B品牌也能畅销。

产品设计工作非常辛苦，特别是一些规模不大的企业，事无巨细，都要求设计师随时解决。因此，设计师往往会产生被工作搞得疲惫不堪的感觉，以致影响设计结果。为了处理好这个问题，设计师应该主动调节好心理状态，享受创造性工作带来的特殊乐趣，使自己处于高亢的工作状态，以微笑的姿态迎接设计工作的开展。

三、品牌服装设计的信息阶段

由于服装产品同时具备多样性、流行性、周期性等特点，使得服装企业必须源源不断地开发新的产品系列，才能满足服装品牌运作的需要。因此，服装设计开发依赖于细致的信息收集与整合，如市场调查、消费心理、流行预测等各方面。服装新品开发的前期，需要一系列收集和分析信息的过程，如何更有目的性地获取最大程度上的有效信息，对产品企划的成效来说至关重要，需要有一个正确收集、分析和利用信息的流程。

（一）信息分析的内容

1.市场调研信息

市场调研信息的来源可以分为两种：一种是狭义的市场调研，即以卖场为核心的终端市场调研，了解产品销售情况。这种调研一般要求提前于某一季产品设计之前一年开始，也就是说，如果要设计明年秋冬产品的话，应该在今年秋冬结束市场调研。另一种是在消费者中间展开的需求调研，了解消费者和目前市场上的产品存在的不足，以及新的需求。这种调研的时间可以比前一种调研略微拖后，在总结了前者的基础上进行。

2.专业咨询信息

此类信息主要来自专业服装网站。这些信息是专业研究机构的研究成果，通常以有偿使用的方式，通过网络形式发布和传播。这些网站的出现为获取信息资源提供了一条便捷、经济的通道。据有关年鉴统计，我国服装信息服务平台类网站数量约有100多个，其共同点是都在不同程度上提供了服装行业的相关信息服务，如服装信息网（www.fashioninfor.com）、国际时装网（www.world-dress.com）、中国国际服装纺织网（www.modechina.com）等，另外，专业咨询信息还来自专业服装杂志、专业报纸等。不过，相对来说，杂志上的信息量比网站上的信息量少，而且信息传递的速度慢。

3.同行内部信息

这类信息来自行业内部，目的在于掌握他们在产品开发方面正在或者将要发生的情况与制订的计划，给自己的品牌制定产品设计策略作参考。严格来说，这里面存在应该区别对待的两类品牌：一类是与自身品牌在市场规模、产品档次和品牌美誉度等方面基本上处于同等水平的品牌，也就是俗称“竞品”的竞争品牌；

另一类是上述各方面都要明显高于自身品牌的行业内其他同类产品品牌，这些品牌被称为目标品牌。由于新产品设计开发属于企业的商业机密，企业一般都会采取一定的防范措施，保证这些信息不外流，特别是行业内标杆性企业，更是在劳动合同中专门设有保密条款或竞业条款，因此，获取这种信息的难度较大。

（二）信息分析的要求

1.确保有效信息来源

信息来源，即要明确应该到哪些信息源头去获取信息，保证信息的真实、可靠、权威。例如，进行抽样计划，由于信息量很大，不可能对所有的目标信息源进行收集调查，因此需要按一定的比例从中抽取相当数量并有典型代表性的样本进行研究。而对于流行趋势信息，则应该将权威性发布机构作为信息源。一般来说，信息来源不同，获取的方法也有差异，在不同的历史时期由于科学技术和社会生产力发展的差别，人们获取信息的手段也不相同，我们可以通过检索媒体采集信息，通过与他人交流采集信息，通过亲自探究事物本身获取信息。

信息的收集需要有敏锐的市场洞察力和分析能力，透过广告现象来探究竞争对手的真实意图或将来的战略规划。通过专业市场调研公司收集整理的“二次文献”来收集及分析。一般来说，因为专业调研公司的调研手法相对比较科学，投入的人力、物力和财力都相对较大，所以也往往具有普通企业所无法达到的真实性和针对性。

2.清晰罗列信息要点

信息首先可以粗分为有效信息和无效信息两大类。在最初的信息收集过程中，一般难以马上区分或者无暇区分收集到的信息是否有效，往往采取“捡到篮里便是菜”的做法，先获得数量上的满足，以数量求质量，在大量的数据中再精挑细选有效信息。

比如，调研人员在抓拍街头流行现状的照片时，能够抓拍到一定数量的清晰照片已经不错了，根本没有时间在拍摄现场细分那些照片中的信息有效与否。

作为垃圾丢弃的无效信息已不值得讨论。在有效信息中，有些信息是全部有效的，有些则部分有效，比如某件服装从款式、色彩到面料都非常值得借鉴，甚至可以完全照抄，或者该服装的色彩值得参考，款式却不尽如人意；有些信息是直接有效的，有些则间接有效，如某件服装的图案可以直接搬用，有些图案则必须经过较大改动。因此，即使在收集来的有效信息中，其所包含的价值也是不一样的，我们应该辨别这些信息的有效程度。以一般意义上的市场调研为例，企业不能过多地依赖于这种调研。因为，在市场上能够看到的服装已经是其他品牌“木已成舟”的产品，这些信息的时效性已经打了折扣，而且，这种调研并不能掌握对方尚未上市的产品信息。

3.正确评价信息价值

通过各种方式收集而来的信息量通常会很大，而且杂乱无章，不利于信息分析工作的进行。尽管许多信息也是真实的，但五花八门的信息与研究的问题并没有太大的联系，会对分析工作甚至设计决策产生负面影响。因此，必须要把收集到的信息进行筛选、加工以及编写，把庞杂的信息进行精炼化、条理化。在这一过程中，对信息的评价工作特别重要，因此一定要把好评价信息这道关，对收集的信息去芜存精，确保信息的真实性和实效性。

信息的鉴别与评价有以下几种方式：

(1)从信息的来源角度评价。

(2)从信息的功能角度评价。

(3)从信息的价值取向评价。

(4)从信息的时效角度评价。

4.注意信息提炼流程

对于品牌服装产品设计来说，品牌的基础决定了品牌利用信息的种类以及程度。在对信息进行正确评价的基础上，提炼信息的流程可分为碎片整理、信息对照、重点标注、定义求证等几个步骤。

(1)碎片整理。在最初收集来的信息中，很多信息是以碎片状态存在的，即不完整的、断裂的、零星的信息片段，如个别数据、局部造型、零碎布料等。为了达到“以偏概全、管中窥豹”的目的，让部分信息反映信息对象的完整面貌，需要信息整理者利用专业知识，像文物复原般地在这些信息碎片中找到逻辑关系，进行假设、推理、论证，拼合成完整的信息，开展必要的数据统计，从中发现具有利用价值的信息。比如，以口袋为例，在所有收集到的当季关于口袋的信息中，用列表方式统计出插袋、贴袋、拉链袋、立体袋、嵌线袋等袋型各有多少，根据比例的高低做出排序，就能判断流行结果的真实情况。

(2)信息对照。信息提炼的要求是了解自身品牌以前在产品设计方面干过些什么，现在正在干些什么，它们之间的延续关系如何。具体做法是从时间角度，将最新收集到的信息纵向地进行同类信息对照，提炼其中的有效信息。比如，以男式西服领型的串口线为例，其高低、长短、角度等有无差异，通过现实与过去的信息进行比较和对照，提炼出具有实际借鉴意义的信息。对于销售量、库存量、利润率等比较抽象的数据信息来说，利用对照的方法进行信息提炼更为对口，能够比较方便地寻找其中的异同点。

(3)重点标注。面对浩如烟海的信息，缺乏经验的人们会犯晕，犹如面对整屋子成千上万本胡乱堆放的书籍，不知从何处着手或需要多少时间，才能整理出图书馆里整齐划一的效果。其实，提炼信息的首要步骤是设定信息提炼的原则，对全部信息进行归类。然后，在每个类别里，根据对信息价值的初步判断，作出保留或舍弃的处理。最后，在保留的信息里再次细化分类，根据使用的可能性，凸显重点信息并标注出来，成为井然有序的“信息图书馆”，备日后方便地取用。

(4)定义求证。提炼信息的目的是让提炼出来的信息能够在实际的产品开发中应用。在面对信息提炼的结果未置可否的情况下，为了确保提炼结果的真实性和权威性，需要向有关专家或业内资深人士咨询，进一步确认其真实性。特别是一些关键数据，更应该仔细求证。因为，虚假的信息是非常有害的，真实的数据才是提炼真实信息的基础。

四、品牌服装设计的企划阶段

设计是在一定的设计指令下完成的有目的的行为，设计任务是多种多样的，在面对品牌服装设计任务时，设计师会因为企业背景的不同或服务方式的不同而得到不同类型和不同难度的设计任务。不管接受什么样的设计任务，对设计任务的分析是必要的。服装设计往往被认为只是确定款式、色彩、面料的图形化工作，其实这是对服装设计的不完整理解，其中，企划工作是设计工作的一部分，是正式进入设计工作之前的重要工作。

(一)企划阶段的内容

1.分析设计任务

不管是新任设计师，还是留任设计师，企业会在下一流行季节的设计工作正式开始之前，将设计任务以非常明确的方式传达给设计师。此时，设计师应该仔细分析设计任务，将任务书进行分解量化，找出难点，寻求协助，落实包括企业内外的协作人员、协作单位及市场流行信息等可利用资源，把握设计任务与时间接点的关系，并将不可预计因素考虑在内，做到胸有成竹，才能使设计工作的展开有条不紊。

一些企业要求设计师始终参与品牌的商品企划过程，需要设计师具备系统分析能力和执行能力，对设计师来说，这是一种工作挑战。商品企划需要更系统的市场营销知识，这种与产品设计紧密相关的工作性质已经超越了产品设计的范围。如果善于把挑战看作一种机遇的话，这是设计师转型的很好机会，可以更全面地了解品牌知识和运作环节，为今后工作范围的扩大打好基础。

2.制订设计计划

企划在正式展开产品设计之前，必须准备好一个完整的可行的设计计划，它主要包括时间节点和工作分工两部分内容。

时间节点是指对每个工作环节作出协同要求的关联性安排。设计团队内外在时间衔接上必须准确无误，一旦在某个环节上出现进度拖拉现象，特别是前端环节延迟，整个计划就可能落空。需要控制的时间接点包括市场调研时间、资料查询时间、设计画稿时间、画稿审核时间、面料样品到位时间、样板制作时间、样衣制作时间、样衣审核时间、调整设计时间等。本项工作一般以周为单位（有时甚至以日为单位），编制日程进度表，以“设计任务书”或“设计工作进程表”的形式完成。

工作分工是指将整个工作按照时间节点的要求进行工作任务与担当人员的分解与落实。由于品牌服装设计是一项团队配合的系统工作，需要一定的配合岗位及具体工作人员，虽然各个企业的内部人事结构有所不同，但是，岗位要求应该是基本一致的。务必使各岗位和人员明确分工，严格按照时间节点完成规定的工作内容。

3.开展头脑风暴

头脑风暴（Brainstorming）是为了克服阻碍产生创造性方案的遵从压力而产生一种新观点的过程。它利用一种思想产生的过程，鼓励提出任何在普通情况下无法产生的观点、思维和方案，同时禁止各种对立的批评。要求会议使用没有拘束的发言规则，鼓励人们更自由地思考，进入思想的新区域，从而产生很多的新观点和问题解决方法。

会议的形式一般要求在配有背景音乐、饮料等比较宽松的气氛下进行，在人数不够或者某种特定需要的情况下，可以邀请其他相关部门的成员参加。参加产品设计头脑风暴会议的与会人员可以围桌而坐，由设计主管主持召开，掌握议程和激发气氛。与会人员在有限的时间内尽可能快速地、自由地提出自己的看法。为了畅所欲言，中间不允许有任何批评。

会议的内容应该由会议主持人明确阐明，即本次会议希望得到与会成员思维散发支持的所有关于产品设计的问题，也可以用关键词的方式展现在与会人员面前。比如，本季设计主题是什么？系列名称怎么定？故事内容是否更改？设计元素如何用？设计卖点有哪些？由于会议所有的原始方案和想法都被当场不加任何批评地记录下来，与会人员可以在他人提出的观点之上建立新观点。在头脑风暴会议将要结束的时候，才对这些观点和想法进行讨论、分析和评估，并得出结论（图 2-3）。

图 2-3　头脑风暴意在获得新观点、新方法

（二）企划阶段的要求

1.理解分配设计任务

企划部门在下达设计任务前应该有一个产品企划的说明会

议，便于各协同部门达成共识。由于设计任务的不同，展开设计工作的方式也会不同。有些企业的商品企划部门力量雄厚，操作程序规范，其下达的设计任务非常清晰，甚至包括产品的框架，能够减轻设计师的工作量，也符合品牌服装设计的工作特点。有些则非常模糊，往往只有一个相当笼统的设计任务，一切都要设计师从头开始，甚至担当起商品企划的职能，这样，设计师的压力和工作量就会增加，不得不全面开展设计工作，工作的细致程度也会受影响。在理解设计任务的基础上，分配设计部门的人员分工。

在理解设计任务的基础上，还要深入了解产品结构。在企划说明会议上，设计部门可以提出任何疑点，切实弄清企划部门的意图，对其所需要的产品结构了解无误。这样就可以减少今后工作的摩擦，特别是减少对设计结果的异议。比如，企划部门提出要求产品体现某种风格，那么，设计部门应该要求其提供具体的图片资料或者对应的品牌名称。企划部门可能会提出一些设计卖点，但是他们提出的设计卖点可能是比较抽象的，设计部门必须尽力体现，不然就是失职。

2.精心选择设计元素

产品设计的最后结果是设计人员把设计元素按照设计要求进行的有序集结。在了解产品结构和品牌风格的基础上，按照前面关于设计元素有关章节的内容，首先根据品牌发展战略中对历年来本品牌设计元素使用规则和调整比例的要求，在现有的品牌设计元素数据库里，初步罗列出需要延续的有关设计元素；其次，通过市场调研和流行预测等渠道，增加新的设计元素素材；最后，精心筛选与产品要求匹配的有效设计元素，通过论证后确定该销售季节产品的主要设计元素和点缀设计元素，作为产品设计的备用设计元素集。

严格来说，一个称职的企划部门已经通过产品结构的企划而把握了产品的全局，对设计部门只是要求将抽象的企划方案实物化。但是，在企划部门未必称职的情况下，这个工作需要设计部门来弥补。设计部门对产品全局感的把握主要体现在从品牌整体形象的角度，考虑全部产品在卖场里的出样效果及系列之间的关系，在此，设计师丰富的想象力发挥了常人不及的作用。

3.推出初步设计方案

完成了上述工作，设计部门应该进入提出初步设计方案的程序。在这个过程中，设计师应该有限地要求企业创造一些能够提高设计品质的客观条件，争取主动的工作状态。如果有些事情通过一定的努力就能够实现，那就应该去努力争取。但是，一些不切合企业实际情况的想法并不可取，如为了实现某一个工艺细节而要求企业必须添置昂贵的专业设备等。既然初案是供部门之间讨论用的，那么，它往往被允许有一定的不成熟现象存在，而且为了节省设计人力资源，其表现形式也不需要过于完美。

在推出初步设计方案之前，应该进行横向比较。初案的形成是在设计流程的初期，相对而言允许有比较充裕的设计酝酿时间，在设计元素的斟酌、市场信息的研究、设计思维的拓展等方面可以花一定的时间反复推敲。也因为服装设计的目的是最终产品效果而不是设计画稿的完美，因此把有限的时间留给酝酿阶段比完稿阶段时间，对提高设计品质更有效。这里的所谓横向比较是指对其他品牌的借鉴，甚至服装领域与其他领域进行比较充分的横向比较，触类旁通，可以得到意想不到的启示。

五、品牌服装的具体设计阶段

进入非常具体的产品设计环节，除了要对品牌风格了解以外，对设计工作思路也必须十分清晰。从何处着手？设计数量是多少？设计方案具体包括哪些内容？其形式如何？必须对诸如此类的问题胸有成竹，才能付诸实际工作。

(一)设计阶段的内容

1.产品企划

产品企划的主要工作内容是用文字、图表和数据的形式表达下一流行季节的产品概貌，包括系列的定位和主题、款式的设计要求和数量、生产数量和配比、销售目标、完成日期等，目的是为设计方案的制订提出参照要求和目标。

产品企划也叫商品企划。商品的概念包含在产品的范畴中，所有生产出来的物品叫产品，进入销售环节的产品称为商品。产品企划成为设计环节的行动目标，除了设计的技术原因，设计结果的成败在很大一部分原因上归结于产品企划，因为，产品企划是产品设计的大方向，犹如旅行，只要方向正确，不管步伐矫健还是蹒跚，总会走到目标；如果方向错误的话，再好、再快的步伐也是无济于事的，只能远离目标，所以，没有产品企划的设计将变得非常危险，而根据方向错误的企划所作的设计则更为可怕。

2.设计方案

设计方案的主要工作内容是指根据产品企划，细化下一销售季节产品设计的详细情况，包括产品的产品框架、设计主题、系列划分、色彩感觉、造型类别、面料种类、图案类型等设计元素的集合情况，制定一下设计规则，是产品企划转为设计画稿的“翻译”环节，目的是为设计具体的款式提供更为明确的方向。

有些企业的产品企划部门工作水平有限，企划方案非常粗糙，仅仅是一些不知所云的文字，或者是缺少可行性的方案，设计部门在此基础上，进行设计方案的制订，难度非常高。由于企划的工作结果是用文字表现，比较隐性，即使错误累累，也不容易发现；设计的工作结果是用图形表现，比较显性，相比之下，显性结果比隐性结果更容易被观者感受，也更容易产生众口难调的局面，经常成为产品开发过程中引发争论的焦点。

3.设计画稿

设计画稿的主要工作内容是按照设计方案的要求确定具体的服装样式,并用图形的方式准确地表现出来,包括款式、面料、色彩、图案、装饰等,要求做到样板环节能够清晰地了解其设计意图。

设计画稿应该是设计方案的一部分,由于图形化过程的工作量很大,特别是目前普遍采用电脑化设计,使用软件绘制设计画稿的工作量比徒手绘制大出许多,程序也更复杂,另外,设计方案环节可以有企划部门的参与,而设计画稿环节则全部在设计部门完成。因此,这里把它从设计方案中独立出来。

在服装行业内,由于服装是一种软体产品,有穿着前后两种效果,表达方面的变量很大,设计画稿缺乏行业标准,长久以来没有得到规范和统一,因此,在一定程度上造成了部门与部门之间的沟通困难。

4.工作确认

工作确认的主要工作内容是会同有关部门负责产品开发的主要人员针对产品企划、设计方案和设计画稿,就产品开发过程中可能或已经出现的问题协调解决。每一个环节在进入下一个环节之前必须先行确认,经确认通过的环节可以进入下一个环节,未经通过的必须返回原环节,经过改进进行再次确认,在通过以后,方可进入下一个环节。

上述主要环节的沟通形式及沟通质量很重要,是确保产品开发达到预期目的的重要保证措施之一。然而,由于目前国内服装企业品牌运作还不够规范,确认环节是实际操作过程中比较难以做好的环节,也是工作扯皮现象发生的主要原因之一。

(二)设计阶段的要求

1.严格内部审稿工作

在送交企划部门和营销部门之前,必须通过内部审稿。由于设计人员在一个部门内工作.相互间的交流比较方便，设计主管可以根据时间进度、任务内容和人手忙闲，适时在设计部门沟通和商讨，将出现的问题尽量放在内部解决。如果一个需要送审的方案在内部也无法通过，那么，在外部人员参与评审的情况下，其结局可想而知。讨论可以不拘形式，可以是完整方案的讨论，也可以是一个细节的研究，这种工作检查也是设计管理的具体内容之一。

经过评审以后，需要落实最终设计方案。每一次的评审都会出现修改意见，需要设计师及时在下一步的设计方案中修正。初案和终案之间没有明确规定还需要几次修改案，但是，其中的步骤越少，说明修改的效率越高，设计成本也随之降低。

2.采纳意见完善初稿

采纳有效和可行的修改意见，完善所有未决细节的设计，不能再有任何举棋不定的内容。设计师往往希望其工作结果能够博得众人的喝彩，在设计初稿阶段会留下许多悬而未决的细节供他人评判，然而，设计是一个众口难调的工作，为此进行的讨论将永远没有结束的时候，也永远得不到交口赞誉的结果。因此，必要的果断作风对设计师来说有助于提高设计效率，应该利用多次商定的设计元素应用方法，尽快深入和完善细节设计，不然，将会影响后续工作的进行。

3.选择恰当的表现方式

最终方案的关键是应该让其他人员能够清晰、简便地看懂一切设计内容，只要企业内部人员能够愉快地接受即可，至于到底采用手绘稿，还是电脑稿？应该使用多大的幅面？用什么纸张？这些并不重要。目前，大部分服装企业采用电脑设计软件绘制设计画稿，具有整洁清晰、便于复制、储存和修改的功效。因此，熟练应用设计软件是设计师的必修课之一。

（三）节约成本的设计方法

1.整合团队

削减设计成本的关键之一在于加快设计速度，提高设计速度的基本方法是组建一支经验丰富的设计团队。虽然聘用经验不足的设计师成本较低，但是缺乏经验的设计团队需要花较长时间才能意识到问题的存在，设计结果推倒重来不仅耽误产品上柜，而且多次设计的结果将付出更高昂的代价。尽管资深设计师也会出错，但错误概率较小，且能较快解决问题。因此，在设计上做到“快而准”，就等于节约了设计成本。

2.材料选择

服装材料是服装产品成本的主要部分。由于我国轻纺工业相对落后，国产面料在外观和性能上与进口面料存在一定的差距，同类进口面料要比国产面料价格贵数倍，是普通品牌承受不起的。设计师在选择面料时，应该考虑这个因素。目前，服装行业中正在流行“低成本运作”战略，这种战略具有一定的现实意义。首先是服装市场已进入了一个“产品过剩期”，大量的库存产品使生产厂家缺乏了生产后劲，不得不为回笼资金而低价抛售。其次大部分人认为服装只要实用就行，不必花高价追顶尖品牌，而且服装产品没有保值功能，不必为传代而费神。因此，在品牌战略允许的情况下，采用国产材料可以降低成本。

3.款式紧凑

产品企划时应该考虑系列数量与面料品种的关系，面料品种使用越多，不仅造成的裁剪浪费增加，而且，会因为订货数量的分散而造成面料单价的提高。大而长的款式肯定比小而短的款式费料，多层款式肯定比单层款式费料，如果没有必要或与流行无关，应当慎重考虑款式的大小、长短和层次等因素。另外，设计时还要注意面料的倒顺关系、款式与排料关系、零部件的用料及款式的制作难度，这些因素与成本同样有着密切的关系。

4.细节简化

服装上的细节虽然用料不多，但是，却给产品的批量生产增加了难度。有些细节虽然好看，但需要很多手工制作的成分，例如绣花、钉珠、盘扣等，这将增加加工费成本。此外，细节还包括服装上的辅料和装饰物，这些物品往往价格不菲，使用数量多了，总价就不会低，因此在不影响外观和质量的前提下，应该作一定的节省。

5.工艺优化

如果没有特别规定，一件服装可以用各种不同的工艺方法做出，加工成本也有较大区别。加工工艺越复杂，产品品质就越高，加工成本也越高。工艺优化的立足点是：既简单又有效的工艺才是最合适的工艺。这也正是为什么设计师必须懂得工艺的原因。比如，同样是水洗工艺，由于使用的工序、助剂或设备的不同，加工成本会有数倍之差，而水性的最终效果可能相差无几，非行业专家可能根本看不出其中的差异。

六、品牌服装设计的实物阶段

实物阶段是设计思维落实为现实结果的阶段。从二维图纸到三维实物的转换将会遇到一系列问题，主要是计划中的事物与现实中的结果之间的差距，如平面转换成空间的差距、预期效果与制作技术的差距、计划材料与实际材料的差距，等等。从一定程度上说，实物阶段也是设计师最为期盼的阶段，甚至超过了对销售业绩的期盼，因为这是实现设计结果的第一步。同时，实物阶段也是设计师最为担心的阶段，因为很多因素都会改变实物效果，不能很好地体现设计师的初衷。因此，规范合理的实物阶段流程是体现设计思维的重要保证。

（一）实物阶段的内容

1.设计准确的样板

此环节的主要工作内容是指根据设计画稿，以平面或立体的方式准确表现服装应有的结构，是将纸面设计实物化的关键环节，包括结构图、立裁坯样等。其中，平面形式的结构设计即为平面裁剪，立体形式的结构设计即为立体裁剪，两者都有一定的建立在工程意义上的设计成分，因此负责样板工作的人员被称为样板设计师或结构设计师。

样板是款式设计由纸面到产品的实物化的桥梁，样板师的职责应该是忠实于原作，是对产品设计意图的忠实再现，不能对原作进行过于主观的篡改，样板师对设计画稿的理解和判断准确与否是样板成败的关键。样板也有流行与落伍的区别，即使面对同一幅设计画稿，每个样板师打出的纸样也因人而异，根据这些样板制作成的样衣也会有很大区别。一些设计的韵味无法在设计画稿阶段用具体的尺寸表示，完全需要样板师在制作样板的过程中，凭借其对服装的理解，作出富有灵气的处理。因此，优秀的样板师也应该是时尚人物。当然，做好这个环节的基础是设计画稿首先必须过关，不能产生引起样板师误解的漏洞。

2.制作完美的样衣

此环节的主要工作内容是按照样板的要求制作实物样品，是对设计结果最直观的检验，要求做到很好地达到尺寸规格和质量标准。由于样衣往往是由样衣工一个人完成全部制作过程的单件制作，产品是由车衣工、整烫工等多工种在生产流水线上合作完成的，因此，样衣和成品存在一定的差距。样衣的完美是指在尊重样板的前提下，兼顾批量生产的工艺要求，求得制作结果与设计意图的最大吻合。

样衣工的技术水平普遍高于车衣工，因此，高水平的样衣工被称为样衣师。样衣设备与批量生产设备也有所不同，因此，在样衣制作中采用的工艺必须考虑到能够在生产流水线的批量生产中实现。样衣制作必须忠实于样板的结构要求和工艺要求，不能按照自己的习惯制作而任意处理，因此，在设计、样板和样衣三个环节中，个人发挥想象力的自由度依次递减。

3.确定工艺规则

此环节的主要工作内容是根据样衣制作的结果，按照批量生产的特点和要求，对不符合批量生产流程的工艺提出修改意见，并将此确定为科学合理的批量生产步骤和工艺规则，成为生产部门能够按图索骥地完成批量产品的生产工艺依据。一般包括产品规格、分步工艺、工艺要点、检验标准等内容。

当前，服装工艺已经不是单纯为了服装的缝合、挺括而存在，一些可以在外观上显现的工艺细节，如拉毛、拱针、包缝等，已经成为制造服装卖点的细节设计，可以成为服装流行的内容之一。因此，对服装工艺的熟悉是服装设计师必须掌握的内容，可以有意识有比例地运用到产品系列中。

（二）实物制作的要求

1.样板师的能力选择

服装企业所配备的样板师人数比设计师多，一般来说，设计师与样板师之比为1∶2。由于每个样板师都有一定的业务特长，专业水平也不尽一致，因此，了解样板师的特点，选择能够体现产品要求的样板师进行样板制作也是很重要的。有些样板师通过分析设计画稿就能明白某个设计师的意图，有些则离题很远，甚至会出现令人哭笑不得的结果。这种工作上的默契需要长期的磨合。在服装企中，设计师和样板师的技术沟通是最多的，因此，有些企业干脆把设计部门和样板部门相邻并置，甚至把样板师归口设计部门管理。

2.关心试制中的样品

样板完成以后,由样衣工进入样品制作。如果设计师对样衣的制作过程不闻不问,结果也会大不一样。再优秀的样板师,与设计师对纸面上款式的理解还是有区别的,一些在纸面上不会发生的问题,在实物制作中将不可避免地出现。虽然样板师可以对样衣工进行指导,但这种指导往往停留在技术层面,而不是设计风格层面。因此,设计师与样衣工的交流也是经常的,哪怕是一个局部工艺,也值得双方仔细探讨。

3.采购部门全力配合

样衣在制作时将不可避免地遇到材料问题,需要采购部门的全力配合,找到符合设计要求的包括面料和辅料在内的所有试制材料,采购人员必须按时、按量、按质地将试制所需要的一切物品送到设计部门。如果企业没有专门的采购部门,则采购工作由设计部门完成。实际上,完全依靠采购部门完成面辅料的采集是很困难的,一是有些采购人员缺乏必要的专业知识,当某些样品难觅时,无法确定其可以替代的样品。二是采购人员与设计师存在认识上的差异,因评判一个样品优劣的标准不同而“采非所用”。因此,最好的解决办法是采购人员提供采购渠道,设计师当场选样。

七、品牌服装设计的评审阶段

通过评审会议的形式,对设计结果进行评审是统一认识、发现问题和解决问题的重要环节。产品设计评审会通常由企业或品牌负责人汇集各有关部门,对样品以及相关事务进行集中的评判和审核。因此,产品设计评审会也叫样品评审会。

(一)评审阶段的形式

评审的形式在一定程度上影响设计的效果。产品评审常常以会议的形式进行，一般程序是，首先由设计部门介绍产品设计的过程、内容以及要点，展示样衣，其他相关部门参与讨论，就发现的问题提出观点，设计部门负责解释这些问题，最后由其他部门表决。产品评审主要有静态评审和动态评审两种形式。

1.静态评审

静态评审是指用号型合适的人台套好样衣进行评审。静态评审是产品评审的主要形式之一，其优点是可以在一个样品全部陈列的空间里不受限制地观摩、比较，评审成本相对低廉，缺点是人台不会说话，对样衣可能存在的隐性缺点无法诉说，如某个外形美观的袖窿可能因为太小而穿着不舒适等，这些缺点可能会演变成影响销售的大问题。相对而言，静态评审更有利于对工艺细节等内容提出具体的修改意见(图 2-4)。

图 2-4　HL 品牌静态评审中的部分样衣

2.动态评审

动态评审是指由真人模特穿上样衣，通过行走等日常生活中的动作，让人观摩真实的穿着效果。产品的评审最好以动态的形式进行，其优点是直观、生动，穿着者可以诉说试穿的感受，缺点是成本相对昂贵，因为几乎没有可能寻找到号型一致的真人模特一次穿出所有样衣，因此，动态评审中的真人模特为数有限。动态评审一般排除只有在产品订货会才使用的表演形式。动态评审过程中出现的修改意见往往比静态评审多，有时，动态评审可以取代静态评审（图 2-5）。

图 2-5　HL 品牌动态评审现场

3.阶段评审

阶段评审是为了保证总体设计开发的时间进度而进行的环节性评审。该类评审的进行具有阶段性和不完整性的特点，因此适合精通产品企划开发进程的设计、企划部门实施，在设计部门内进行的小范围评审。但若频繁进行阶段性评审，则易造成服装产品缺乏整体性。阶段评审还包括预备评审，是指在服装企业进行大范围评审之前，为了保证评审产品的评审通过率而进行的内部的、小范围的评审。

4.终极评审

终极评审是在企业季度产品投产前所进行的正式最终评审，是由企业各相关部门全面参与的、决定正式上市产品的评审会议，对于服装企业下阶段的市场销售及赢利度起着极为重要的作用。终极评审可以采用开放式或封闭式两种形式。开放式评审是在产品的评审过程中先由产品开发部门主管人员介绍产品开发主题、面料、款式等情况，然后所有参与评审的人员对产品进行充分的、开放式的集体讨论，最终结果由全体参与评审的人员讨论、决定的评审方法。封闭式评审是产品评审过程中在产品开发部门主管人员介绍完产品开发情况后，参与评审的人员不再进行集中讨论，而直接进行背对背的评审。

（二）评审阶段的内容

产品评审是对即将批量生产的样衣进行一次集中大检阅，在保障生产和销售的措施上做到万无一失。由于即将生产的样衣将占用大量资金，也是企业实现盈利的希望所在，因此，企业应该非常重视评审的内容。

1.样式的审定

产品设计评审会是针对即将投产的样品召开的技术讨论会议，因此，产品评审会也叫样品评审会。在此会议上，评审人员将对照产品企划中规定的内容，从设计主题到系列策划、从款式到色彩、从图案到装饰、从廓型到细节、从单品到搭配、从结构到工艺，对已经完成的样品进行样式上的逐项评审。同时，应该及时对评审过程产生的意见做好书面记录。

2.质量的审定

样衣的制作质量及批量生产时的质量的可控制性是产品评审中的另一重要内容。在产品评审中，评审员主要针对服装产品的材料质量、结构质量、工艺质量等方面进行评估，对一切有可能在批量大货生产中产生的潜在质量问题提出讨论，解决产品在工艺、制作中的质量难点，全面保证最终面市产品的质量。

3.其他内容检查

即使样衣的效果非常成功,也必须考虑一些与产品相关的其他内容,如生产成本、销售价格、产品包装等,只有这些因素与样品达到很好的匹配,才能实现理想的销售业绩,因此,这些内容也会在某些产品评审会上即时讨论。另外,由于评审录用的结果马上需要投产,其他配套环节也会在评审会上落实,如面辅料大货的采购、商场推广计划、产品的生产安排等。

(三)评审阶段的要求

1.评审期限要求

产品评审的期限必须按早已确定的时间计划进行,不然,如果因为设计和打样环节的拖延而导致投产时间的过分挤压,将会冒很大的市场推广风险。因此,为了评审会议达到最佳效果,应该对评审期限有所要求,一般要求在样衣全部完成之后和按照上柜时间倒推进行。

样衣全部完成后的评审。产品评审会最好在样衣全部完成后马上进行,一是为了给评审会上可能提出的对样衣的修正意见留出执行时间,二是为了给后续的产品投产留出尽可能多的调整时间。如果样衣完成时间已经超过了预定评审时间,那么,在生产时间已经无可挤压的情况下,可以分批对已经完成的样衣进行评审。这种做法的最大缺点是不能看到全部样品的情况。

按照上柜时间倒推的评审。产品上柜时间是产品开发中所有时间段的最后大限,因此,产品评审的最后期限可以在留出生产周期以后,按照产品的上柜时间倒推。虽然根据上柜计划,产品可以分批上柜,但是,绝对不可因此而掉以轻心,一旦首批产品上柜时间已过而产品还渺无踪影,那么,将面临销售业绩惨淡、商场强行撤柜等不敢想象的恶果。

2.权重设定要求

根据参与评审人员在企业中的职位，以及他们在产品开发方面的重要性和专业性，企业可以根据自身特点制定评审权重，即不同评审员的投票分值可乘上一个权重系数，并在选票统计时体现出来。比如，普通人员为0.2，部门负责人为0.5，老板为1，这个系数是可以根据企业自身特点进行调整。评审权重的制定既可以让部门负责人的权威性和决定权得以体现，又能让评审人员的发言权充分发挥。

3.评审过程要求

通过由真人模特着装展示产品或参观产品陈列室等方式，让评审人员逐一审查产品。在产品展示环节中，需保证评审人员能深入、完整地观察到产品的每个方面。在一些特殊的服装行业（如运动衣、内衣等），还需要模特反馈着装后的感受（如着装舒适性、局部运动的拉伸性等）。

通过对产品的观察及判断，评审人员可就产品的可销售性、款式、材质等问题集中进行讨论，发表个人主观意见，并互相间交换意见。该环节有利于集思广益，发挥集体的智慧，让评审人员了解来自不同部门的针对产品的观点和看法，为评审人员最终的投票打下基础。

（四）产品评审的结果

产品评审会上，将对所有样衣做出判断，判断的结果只有三种：一是录用，二是修改后录用，三是淘汰。每件样衣将得到其中一种结果。总的结果也只有三种：一是合格样衣数量充足，这是最好的结论；二是合格样衣数量勉强，这是不妙的结果；三是合格样衣数量不足，这是最坏的结局，补救办法是尽快重新拿出新的样品。

如果认为样衣都很不错，并且已经超出投产数量，那么可以根据得分高低，将样衣分为录用和备用两大部分，录用的部分将直接投产，备用是为了对付市场突发情况，如原先看好的录用部分产品在市场上却纹丝不动，为了补充货源，将调动备用款式。在对样衣的意见争执不下的情况下，可以用无记名投票的方式表决，并统计出最终结果。

图 2-6 所示为品牌服装设计流程的内容及要点。

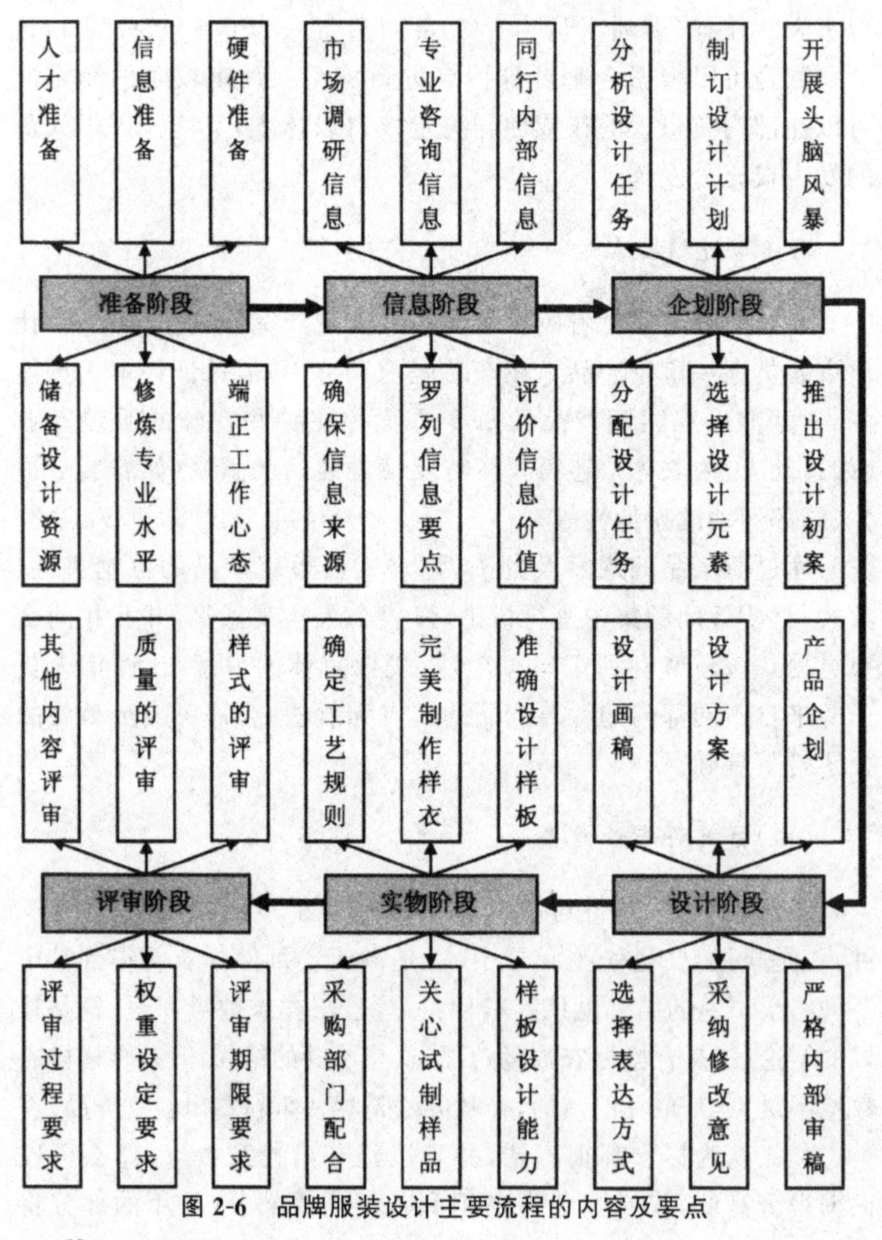

图 2-6　品牌服装设计主要流程的内容及要点

第二节　品牌服装设计的方法

一、品牌服装的设计形态

品牌的方向一旦确定，产品计划也明细化，此后就要开始进入到实实在在的产品设计阶段。设计形态是多种多样的。

（一）设计资源

设计是一项需要利用多种资源的工作，离开了设计资源，设计工作将无法进行。设计工作做得好坏与否与这个公司拥有的设计资源的多寡有直接关系。因此，注重设计的品牌服装公司会不惜工本开发设计资源，加大对设计资源的投入。

首先，单品形态的设计。单品是指产品与产品之间没有特定联系的、比较独立的单一产品。单品设计比较分散，所设计的产品比较孤立，系列感和设计性均不明显，如果没有完整的设计管理系统，单品设计不适合真正的品牌服装设计，产品相互之间没有搭配性。然而，单品有很大的消费市场，尤其是在消费者的品牌意识还不够健全的地区，单品服装的销售不逊于系列产品。单品设计的特点是强调每一个款式的完美。

采用单品化设计的产品，因其缺乏品牌产品的系统性，大型百货公司一般不太接受这类产品进入其卖场。比较适合在服装批发市场或独立门店销售。在某些服装企业，存在着以驳样取代设计的现象，这种现象近似于单品设计。

其次，系列化产品的设计。系列化产品是指形成系统性、具有很好的搭配组合效果，同时配饰的画龙点睛之笔也会增强系列感的产品。形象比较统一、搭配方便、系列感强，会使品牌风格比较丰富而完整。

最后,着装状态的设计,品牌服装看似卖的是服装产品,其实,理想的经营理念是出售着装概念,倡导着装风格,引领生活时尚。产品与产品之间的相互搭配、产品与配饰之间的整体与局部的相互呼应,如同排列组合一样罗列出不同的穿着风格,带动所有产品的衔接销售。产品的款式多且相互搭配,品牌的精神凝聚,风格统一,设计的产品就能够统一。

(二)材料资源

目前,国内消费者已越来越懂得材料对于服装产品的重要性,更是引起许多消费者购物冲动的主要原因。一些畅销的服装产品,尤其是一些所谓常规产品 ,往往不是以款取胜,而是以新颖的面料牢牢地吸引着消费者。许多经典产品几乎款式不作任何改动,而是在原有基础上更改一下面料。对面料的选择也是设计工作不可分割的一部分,同样具有设计意义。同时,面料成本在服装产品的直接成本中占很大比例。因此,对于面料的选择是每个品牌服装公司结合自身情况所考虑的内容,其中面料的性能与价格比是选择面料的主要考虑因素。品牌服装与普通服装的主要区别之一就是对面料选择的优劣。

(三)信息资源

流行信息是品牌服装能否把握市场命脉的重要资源,信息来源的权威性、领先性和信息量非常重要,信息来源决定了信息价值。互联网,是获取流行信息最快捷的信息渠道,为时代首选。出版物,出版物中报纸、杂志等新闻出版物是传统的流行信息来源,其阅读的方便性、信息的丰富性和图片质量的精确性是非其他信息来源可以取代的。电视台所开设的专门流行频道等,提供流行信息和生活服务类节目。流行市场是获取流行实物信息的主要渠道,从色彩、面料、图案、工艺方面都可直观地获取,不足的是其前瞻性不够。

二、品牌服装的概念设计

（一）何谓概念设计

随着历史的发展，新的概念不断地冲破旧的概念从而带来一个时代的变更。现在我们要讨论的具有现代意义的“概念设计”则是一种主动的设计，即主动地去打破原来所固有的思维模式，从而创造出一种新的穿着理念或着衣方式。

因此，我们可以把概念设计看作产品设计的前奏，它是探索性、尝试性的设计，不以实用为目的，只为新品探索一种新的理念或着衣方式而努力。

因概念设计常常是对现有社会价值观、审美共识的挑衅与叛逆，它们大多只能以个性的、非商业性的面目出现；同时，由于它通常是以设计师强烈的个性、价值观作为指导，所以它常常表现出前卫的、鲜活的、有冲击力的和不同凡响的创意与形式。虽然概念设计在内容的传达上有时可能很模糊，似乎很接近纯艺术，按传播学的观点来说带有某种自我传播的意味，但这种形式可能碰巧能与某些未来阶层达成共识，成为日后被社会普遍认可的方式。

概念设计以探索新风格、新装饰方式，以完全个性化为出发点，与纯艺术设计十分相似，但是它有时也会被思维敏锐、有前瞻性眼光的设计师用于他们所设计的品牌中，来体现他们创新的精神和追逐时尚的文化品位。这样的设计（即产品的概念设计）在企业一般用于每一季新品的发布会中、商店的橱窗展示或者品牌文化传播的宣传册中，用来传播品牌理念。因而，概念设计既是对新品的探索，又是对新品的宣扬。

（二）概念设计分类及在品牌中的展现

1.概念设计的分类

概念设计分为概念的反叛设计、概念的深化设计和针对特定概念的设计三类。

(1)概念的反叛设计。概念的反叛设计是对传统的、已成思维定式的概念的挑衅与背叛，是一种逆向的思维方式，它力求逃脱由于思维惯性而产生的设计误区，从而开创一种新的思维方式，更好地来体现新时代或者未来新人群价值取向和生活方式的产品。

(2)概念的深化设计。概念的深化设计是针对一个概念来深入挖掘，力求全面、深刻地阐述这一概念所具有的某种更深层次的含义。这种对概念纵向的挖掘方式与上一种对概念的逆向思维的方式具有同样的价值。

(3)针对特定概念的设计。针对特定概念的设计是针对一个特定的概念，抓住这个概念的特征，力求表现这个概念的本质和带给设计者的思考。

2.概念设计的展现

概念设计在品牌中的表达可以分为两种情况。

(1)产品概念的传达。产品概念表达的方式多见于品牌旗舰店或专营店的橱窗内、品牌概念宣传册或者海报中。它不仅要求能够准确地传达出品牌的设计理念和风格，而且要求独树一帜，使人们眼前一亮，带给人们无穷的震撼力，从而吸引人们去了解、认识，进而光顾此品牌的店铺。

(2)高度艺术化的精神概念传达。每年的高级时装作品发布会、高级成衣作品发布会以及每一年的流行趋势发布会都是高度艺术化的精神概念的传达，它们不断给人们提供新的思想观念和新的着衣方式，设计大师们始终站在时代的最前沿，他们的设计往往带有某种探索性。

（三）概念设计在品牌服装中的作用

1.概念设计是提高品牌名望的金字招牌

设计师推出的成衣之所以被视为“高级品”而畅销，就与设计师在发布会上所推出的概念设计有关。概念设计展示了设计师高超的设计才华，从而使设计师所打造的品牌身价倍增。据说Chanel在1939年停业后，之所以又决定于1954年东山再起，其中一个重要原因就是她隐退15年中一直保留着的香水业销售出现滑坡。可见，一旦失去高级女装这种撑门面的金字招牌，失去高端概念设计的传达，与之相关的行业都会受到影响。

2.概念设计为设计师提供无限的创作空间

概念设计因为不成批量生产，因此不用考虑材料价钱的高低以及工艺手段的繁简，只要能表达品牌的理念风格、施展设计师的设计才华，就可以将它实现。设计师在概念设计中可以放开手脚、大胆创新、寻求各种可能性，实现自己的梦想，然后再把从这里得到的新构想和新工艺、新素材运用于成衣之上。皮尔·卡丹(Pierre Cardin)曾说：“我在高级时装方面赔了不少钱，而我之所以要继续坚持下去的原因，是因为那是一所Idea（创意、构想）的大研究所。”

三、品牌服装产品设计方案的制订

制订品牌服装产品设计方案环节的主要工作内容是根据产品企划，细化下一销售季节产品设计的详细情况，包括产品的产品框架、设计主题、系列划分、色彩感觉、造型类别、面料种类、图案类型等设计元素的集合情况，制定设计规则。该环节是产品企划转为设计画稿的“翻译”环节，目的是为设计具体的款式提供更为明确的方向。

有些企业的产品企划部门工作水平有限,企划方案非常粗糙,仅仅是一些不知所云的文字,或者是缺少可行性的方案,设计部门在此基础上制订设计方案,难度非常高。由于企划的工作结果是用文字表现,比较隐性,即使错误累累也不容易发现;而设计的工作结果是用图形表达,比较显性,相比之下,显性结果比隐性结果更容易被观者感受,也更容易产生众口难调的局面,经常成为产品开发过程中引发争论的焦点。设计方案具体包括以下几个方面的内容。

(一)信息资料分析

品牌服装设计过程始于复杂的市场调查,流行预测分析,数据收集,这些环节使企业更好地了解顾客的偏好,掌握顾客的购买情况,从而准确地定位产品设计风格。由此可见,信息资料是设计创意的基石。

1.市场分析预测

(1)流行资讯。流行要素包括风格形象、轮廓、面料、服饰配件、细节性特征、颜色的命名、品类。资讯的来源有出版物、流行预测机构、文化艺术的影响力、互联网。

(2)顾客群体。企业需要通过市场调查,对目标市场的潜在顾客进行不同类型的划分,以确定自己企业的产品设计定位。比如,以年龄来划分,可分为童装、少年装、淑女装、中年妇女装、银发族服装等。

不同经济状况的顾客,在服装上的花销区别很大,对应的服装也因价位不同而划分为高价服装、中高价服装、中价位服装、中低价位服装和低价位服装,来满足不同消费群体。企业通常要综合几个不同类型的划分,进行综合定位,如将产品定位在青年中低价位服装,或淑女的中高价服装等。

在设定顾客群体时,同时也应该考虑该阶层顾客的不同生活方式。因为符合其个性的服饰,不一定能够完全适合其活动的场合。一般女性顾客的服饰极易受到周围环境的左右，所以对女装要更多地考虑她们的穿着场合。

(3)时尚概念。按照一般理解，时尚与流行几乎是同义词，阐述着十分相近的内容。严格地讲，这两个词描述的内容有所不同，两者既有联系，又有区别，有相互重叠的含义，但有时两者之间的界限又比较模糊。时尚或流行只是一种性质，如果利用度的概念加以表达，可以区别人群或个人的流行程度或时尚程度，即所谓的流行度和时尚度。

流行度是指大面积扩散的程度，时尚度是指区别大众流行的“变异”程度。人的行动受观念的影响，在任何时代，人的思维都不会一致，有着前卫与保守之分。表现在服饰行为的差异就是具有前卫思想的人往往会追求服饰上的“变异”，借以标榜自己的与众不同，这种率先产生于服饰上的差异即为时尚。但时尚是流行的先导，介于流行和个性之间。通常，极端个性化的东西有可能首先成为时尚，逐渐再由时尚转变为流行。也就是说，流行是大众化的时尚，是时尚概念大面积扩散的结果。如果时尚的东西失去了大面积扩散的机能，流行将不复存在。

2.企业资源运作

企业资源指本企业特有的设计理念、产品风格、市场定位和销售业绩等与设计有关的经营特点。它反映了企业的基本属性、经营理念、技术水平、产品开发能力、设备条件、投资情况和发展战略等定位因素。

在设计企划中应充分考虑企业自身的特点，在坚持产品定位、风格和品牌形象特点的基础上，对企业本身的有关资源进行分析，作为设计企划的基本依据。

(1)历史记录。大部分企业的产品都有自己特定的设计主题、设计理念、设计风格，款式、色彩、面料风格。作为一个企划人或设计师首先要充分了解本企业的设计资源，只有在坚持本企业的设计理念、风格的前提下，再加入流行元素，所设计出的产品才不会偏离本企业的品牌理念。同时需要分析企业以往的商品企划实绩,从中吸取经验和教训,为当前的商品企划工作提供参考资料。为了获得较完整、多层面的信息,还必须对本企业的销售历史加以全面分析:哪些是畅销品和滞销品,原因是什么?各种不同款式的销售情况以及造成差异的原因,等等。虽然某些款式整体销售业绩良好,但可能会有其他的细节问题需要注意,如销量最好的款式是否只限于某几种颜色和面料,若是如此,必须明确是哪些颜色与面料。

(2)转换要素。每一年度服装的流行要素总有这样或那样的变化,如款式、面辅料、色彩或细节的变化等。企业需根据流行要素的变化来设计符合自己产品风格的服装。款式一般随企业的设计风格的变化而转换,在款式不变时,可利用新型面料来创新产品;有时,要随着色彩的流行趋势,转换以往服装的色彩来满足市场的需求;有时是细节性的特征,如衣袖长度的变化、领型的变化、腰线高低的变化、腰带的装饰变化等也是设计的重点转换要素。

3.竞争对手的信息资料

(1)竞争对手的设计风格、款式变化、面料情况、色彩特征、细节特征等。

(2)竞争对手的市场状态,包括目标市场、市场占有率、产品组合策略、销售量、增长率、新产品开发状态。

(3)分析竞争者的营销层、高级主管等人事变动,这些变动意味着内部战略、策略的变化,紧接着会在市场上表现出来。

(4)分析竞争者的销售系统,了解其销售机构组成及分布、渠道构成、网点分布、经销商名单、战略联盟成员、销售渠道发展状况。

(5)竞争对手的价格构成、财务、资信状况等。

(6)竞争对手在服务客户、维系客户关系方面的策略行动。

(二)总体设计

产品总体设计,是服饰产品的价值构造阶段。总体设计的前期工作,无论进行得多么严密、周详,如果不能在产品总体设计以及其商品组合构成中得到具体实现,都会变成“纸上谈兵”、“空中楼阁”,品牌的理念形象就不能确切地反映到商品上。因而,产品总体设计是商品企划的中心工作。

1.产品概念创意

服饰产品属于感性产品,它的内涵往往不易表现出来,因此,需要借助语言进行表达。最有效的方法是给产品注入具有典型性和象征性的概念。近年来,市场上流行的“内衣外穿”、“都市牛仔”、“商务休闲”等,也是产品及其功能概念化的典型。通常,在设计企划中主要涉及品牌理念的表达、流行概念的创造和个性表现。

2.产品定位的表达

品牌运作不是单兵作战,而是团队行动。品牌定位是思维的结果,思维是看不见的,为了这个思维结果能让整个团队理解透彻,以便在实际运作过程中协同作战,必须以某种方式将这一结果表达出来。品牌定位的结果是以品牌定位报告书的形式表达的,报告书不仅是对前述定位诸要素的归纳整理,还要将市场调研结果和流行分析纳入其中,也可以包括品牌精神、营销企划,是品牌推广的纲领性文件,是宏观的生产企划指导(图 2-7)。

在定位报告中,需要罗列各个定位要素,使用图片、实物、表格等形式,完整、清晰地表达出全部企划思想。报告书并无统一格式,但形式感非常重要,精美、完善、清晰、新颖和富有创意的报告书是品牌从未雨绸缪的企划阶段走向销售市场的良好开端。

大型品牌服装公司的品牌定位报告在产品设计师的参与下,由企划部门完成。小型品牌服装公司则是在经营部门的参与下,

目标市场　　都市时尚女性

自信、热情，生活充实，经济独立
的时尚女性，年龄25～35岁，价位较高合理

生活方式　　开放感受型

生活丰富多彩，充满活力，富有个性，追求
舒适的生活方式，不拘于固有观念，对时尚
流行敏锐且有自我见解

时尚风格　　都市高雅活力

个性，创新求异，时尚前卫夸张而不张扬
最具活力的线条，体现都市风格

穿着技巧　　个人风格·服装搭配

由多种品类的服装构成，辅助材料
的多样化与色彩的组合方式，合理
且有创意

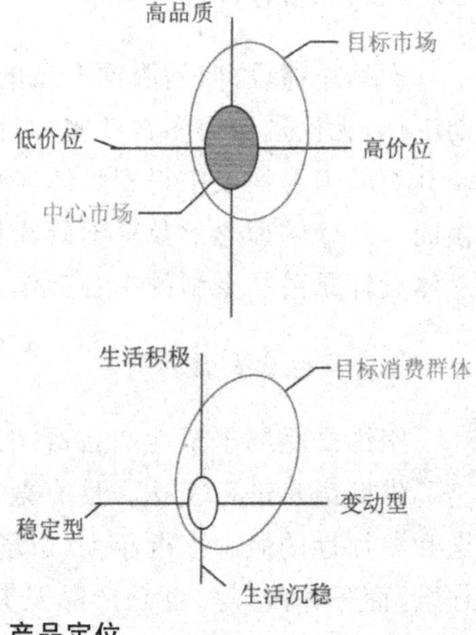

图 2-7　产品定位

由产品设计师完成定位的图形表达。

以故事板的形式进行概念整理，是以一种比较生动的表达形式说明设计的总概念，给人一个概念性的产品印象，也是指导产品开发的准则。

概念图由系列概念、造型概念、细节概念、色彩概念和面料概念五个部分组成。

(1)系列概念。系列概念也称故事概念或主题概念，是指按照品牌定位的产品风格和产品企划中的系列策划，利用一定的平面设计形式，编写精炼的文字，配合具有代表性和视觉冲击力的图片，强化系列的诉求。系列概念一般比较务虚，没有非常明确的产品内容，仅仅传达设计师的设计意念求得观者对该系列或该主题在宏观上的认同。

(2)造型概念。造型概念也称款式概念，是指按照系列或产品大类，用数款比较有代表性的造型图表达该系列的造型特点。服装造型分为整体造型(也称廓型)和局部造型(也称零件)，但是，在造型概念的表达中，主要是指整体造型即廓型的表达造型

图既可以手绘，也可以利用资料图片剪贴，不必过多地表现服装款式的细节。

(3)细节概念。细节概念是指选择一定数量的服装细部，是款式的设计元素最显见的体现，用分类图示的方式表现，作为设计参考。服装的细节设计非常重要，一个别有情趣的细节往往是服装产品最大的卖点，尤其是强调时尚性的服装品牌，特别注重产品细节的设计。细节分为装饰细节和功能细节，装饰细节是指从美观角度出发而不强调功能意义的局部修饰，功能细节则是以服装的功能性为主导的局部处理。

(4)色彩概念。色彩概念也称配色概念，是指按照系列或产品大类，选择包含拟采用色彩的资料图片作为色彩形象，将图片中的色彩归类和提炼，利用行业内通用的标准色卡集中表达。其中分为主副色系和点缀色系，将每个色系的地位和其使用比例的大小来表示，可以使观者了解产品的基本色调。

(5)面料概念。按照系列或产品大类，选取几组有使用意向的面料小样，与造型概念配合使用，尽可能使用质地和色彩一致的面料小样，易于观者理解。当看中的面料没有合适的色彩时，必须用色卡表示该面料。根据每一种面料的使用比例和搭配情况贴出面料关系，则产品概念更为直观。

(三)产品框架图表

根据企划部对产品大类的企划，将产品的大类、属性、系列分布、品种、数量作一个框架图表，并标注产品的设计编号，对产品的全貌可以有一个总体的认识。在进行具体款式设计时，既可以检查系列之间的关系，也可以填充式地对号入座。

(四)款式图

款式图即设计画稿，是将产品的具体款式非常清晰地表达出来，每一个细节都不能遗漏，必要时，还要画出侧面造型或者局部细节的放大图。内容包括款式造型(正反面)、细节表达、主要尺寸规格、工艺要点及其他说明。由于款式图用于企业内部流动,为了更加简明扼要,款式图可以不必画出层次丰富的着装效果,仅以单线表示款式的平展状态即可。此图的沟通对象主要是样板师,是样板师制作样板的标准。假定样板师的技术水平合格的话,最后的样衣效果应该与款式图一致。因此,款式图的理想完成状态是样板师仅凭此图就可以做出合乎设计师原意的样衣,而不需要事先用语言交流。

设计画稿必须认真对待设计细节的表达,有助于后道环节的理解。比如,某个定位印花的设计,不仅要非常清晰地按照实物比例画出正稿,而且要注明标准色号、加工方法、印制部位等内容,如果是绣花,还要注明绣花线的粗细、材质、针法等内容。

(五)设计卖点

除了某些品牌特有的感召力可以吸引部分盲目崇拜型消费者追逐购买该品牌的产品之外,其他品牌就没有那么幸运了。面对日益成熟的消费者和买方市场,品牌精神体现在哪里呢?这是每一个企业都在思考的问题,并且把这个艰巨的任务交给了设计师,希望利用设计师的专业知识解决这个问题。事实上,即使设计师十分清楚设计卖点的意义,并且一直为此而不断努力,但是,要做好这项工作绝非易事。

设计卖点可以强化品牌形象,是产品差异化的具体表现。只有具备差异化的产品,才是易于被认知的品牌。设计卖点是制造出来的,它不会自动生成。从某种意义上来说,设计卖点的制造能力才是体现设计师专业水平的标志。品牌风格和产品大类不同,制造设计卖点的角度、步骤和方法也有所区别。

1.设计元素

利用设计元素来制造设计卖点是最常见的出发点。根据设计元素的特点,造型元素、色彩元素、图案元素、面料元素、装饰元素等都是比较显性的设计元素,容易成为视觉上的设计卖点,它们往往是前卫品牌的制造重点；而形式元素、结构元素、工艺元素等比较隐性的设计元素则是经典品牌的制造重点。

当任何一种设计元素的质态、形态或量态被夸张和强调，成为消费者乐意接受的特征时，设计卖点便获得成功，如果消费者对设计师刻意制造的设计卖点并不领情，即意味着设计失败。

2.产品类别

绝大多数服装企业都希望拥有一个能够支撑品牌地位的独具特色的产品，这类产品一般作为概念产品面世，经过市场认可后，便迅速推广。这类产品的设计卖点在于品种而不是款式，在产品的类别上，利用设计方法中的结合法，得到需要的产品。在产品的功能上，利用新型面料特定的功能，探索新的设计卖点。

3.品牌文化

品牌文化是制造设计卖点的锐利武器。当然，品牌文化是综合表现品牌精神的，其表现形式比较抽象和复杂，只有将其部分内容演化为视觉化图形时，基于品牌文化的设计卖点才能呼之欲出。在具体处理时，可以将体现品牌文化的品牌故事中最有视觉化可能的内容罗列出，进行视觉化图形开发的尝试，经过严格的筛选整理，使之成为可以用在产品上的新的设计元素。

（六）产品设计的整合

对品牌服装产品设计而言，市场和用户就是标准。成功的初始服装产品投入市场后，用户的需求会扑面而来，抽出来的有用需求会直接推着服装产品前进，自然也会推着企业进行产品整合，此时，整合也就水到渠成了。成熟的产品下，整合只是个日常工作而已。企业只要坚持产品整合的设计哲学，沿着市场和用户的那条线走下去即可。

品牌服装产品的设计要融合企业文化，使产品与企业文化匹配，企业文化是成功实施企业的重要支持。企业在选择和创建企业文化时，必须以战略对文化的要求为出发点，综合考虑战略类型、管理风格、产品或服务特性等各种因素。

从品牌形象和产品营销等多个角度进行品牌形象塑造、全方位的广告主题策划、创意设计和推广执行，才能协助品牌在商业战场中取得最大的胜利。

第三章　品牌服装设计元素及风格

所有品牌服装都有其主题和设计风格，所不同的是某种主题和风格的显示度各有千秋。设计师要做的是把一个时代的服装设计特点以及规律性的精华提炼出来，结合品牌诉求，在产品上加以表现。就品牌服装生长的文化环境而言，每个品牌的设计风格与其发展历史、地理位置、民族特征、生活方式、艺术潮流、风俗习惯、宗教信仰有密切关系，成为品牌文化脉络。由此可见，品牌服装设计风格的塑造与理清品牌文化脉络有很大关系。本章对设计元素作定量分析，提出一个建立在应用意义上的说法，其目的是使品牌服装的主题设计与设计风格的研究与应用有章可循。

第一节　品牌服装的设计元素

一、服装设计元素分类

在分解设计元素前，有必要对设计元素进行分类，设计元素数不胜数，如果不对其分类，就好比一个物品无序堆放的巨大而又杂乱的仓库，既不易在短时间内找到自己所需要的东西，也难以在这个拥挤的仓库内对某件物品进行再加工。细分下来，服装设计元素可以分为以下十二大类(图 3-1)。

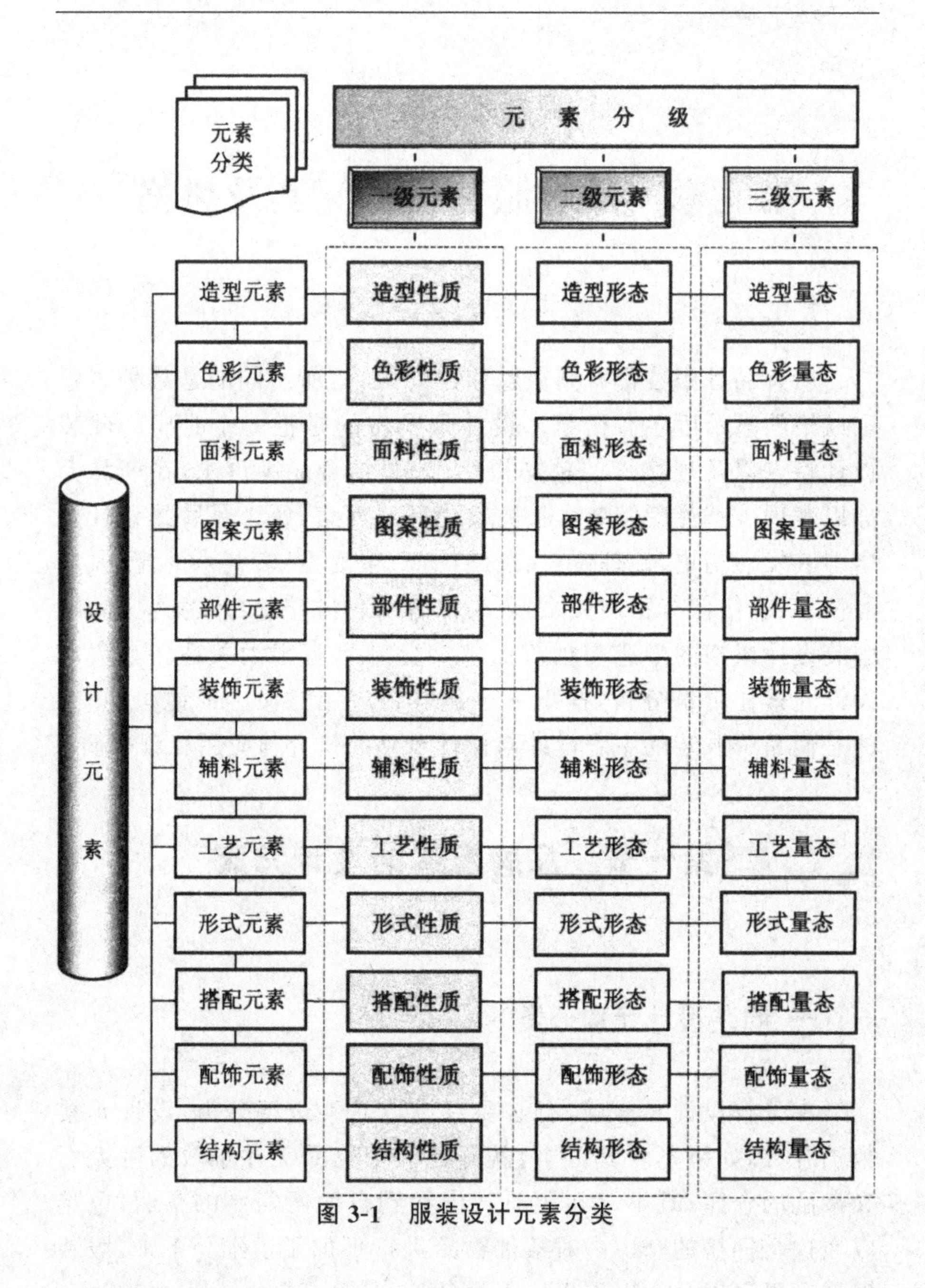

图 3-1 服装设计元素分类

(一)造型元素

造型元素是指构成服装廓形的最细小单位和基本成分。造形也称款式或外轮廓，在外观上呈现出款式的空间特征。服装的基本款式是由造型元素决定的，如廓形中的X型、H型等。它构成服装的外部轮廓，可以承载依附其上的其他设计元素，因此，选择造型往往是服装设计的第一步。

（二）色彩元素

色彩元素是指色相、纯度、明度等构成色彩的最细小单位和基本成分。色彩是一个有明显流行倾向的设计元素，通过染色工艺在服用材料上表现出来。色彩元素体现产品的色彩面貌，是产品设计的重要内容，因使用面积和部位而效果各异，如鲜艳的亮红色、中灰度的暗橄榄绿色，等等。

（三）面料元素

面料元素是指成分、织造、外观、手感、质地等构成面料的最细小单位和基本成分。面料是构成一切服装实物的物质基础，面料本身一般已经具备了一定的风格特征，如粗放、光滑、硬挺、柔顺、飘逸等，可以烘托或改变造型元素的原有风格，是一个应当引起充分注意的设计元素。

（四）图案元素

图案元素是指题材、风格、套色、形式、纹样等构成服装图案的最细小单位和基本成分。图案是影响服装风格的重要设计元素，为了突出服装风格，某些品牌拥有惯用的典型图案，如法国爱马仕的典型图案是马具图案，日本森英惠的典型图案是蝴蝶图案。

（五）部件元素

部件元素是指构成服装零部件或服装细部的最细小单位和基本成分。部件的种类、大小、形状、颜色、质地、数量和位置等方面因素对服装风格产生很大影响，如泡泡袖、立体袋等，局部中的驳领、嵌线等。由于细部设计从属于造型设计，其重要性容易被忽视而造成系列产品风格紊乱现象。

（六）装饰元素

装饰元素是指构成服装上装饰物的种类、材质、造型、色彩等最细小单位和基本成分，如皮质标牌、热熔水钻等。装饰一般是指仅有装饰性而没有实用性的与服装混为一体的可见物，由于它的装饰功能明显，即使体积较小，但是其画龙点睛般的聚焦作用往往成为产品的卖点，因此将其从服装辅料中独立出来讨论。

（七）辅料元素

辅料元素是指构成辅料的成分、种类、造型、外观、手感等最细小单位和基本成分。辅料是制作服装不可缺少的辅助材料。从显示程度上来看，服装辅料可以分为显性辅料和隐性辅料。前者是指暴露在服装表面的辅料，如纽扣、线迹、明拉链，等等。后者是指隐藏在面料里面的辅料，如尼龙针织黏合衬、洗水唛等。

（八）形式元素

形式元素是指构成形式美原理的最细小单位和基本成分，如比例、节奏、对称、均衡等。即使是一个同样的零部件，运用不同的形式元素排列，就会产生截然不同的外观效果。一般来说，形式元素本身并不是以物质形态存在的具体事物，而是将面料、零部件等实物按照设计意图进行排列的规则。

（九）搭配元素

搭配元素是指构成服装之间穿着搭配的最细小单位和基本成分，如两件套、三件套、内长外短、上松下紧等。即使是一组相同的服装，由于搭配方式的不同，也会呈现异样的效果。搭配元素不能独立存在，需要根据产品系列策划的要求，在完成具体单品的设计基础上，按需组合出样。

（十）配饰元素

配饰元素是指构成服饰品的种类、材质、造型、色彩等最细小单位和基本成分，如迷彩双肩包、印花革松糕鞋等。虽然服饰品不是服装，但是它对服装设计所研究的穿着者整个着装状态起着非常重要的烘托作用，因此，服装配饰也是一个重要的设计元素，完整的服装设计不能缺少对服装配饰的研究。

（十一）结构元素

结构元素是指构成服装结构的属性、方法、规格、尺寸、角度、转接、翻折、褶皱等最细小单位和基本成分。服装结构是将设计稿转化为实物的桥梁，不同的结构设计各具特色，如日本文化式原型等。一般来说，结构元素为造型元素服务，在服装造型的要求下，其表现相对比较隐蔽。

（十二）工艺元素

工艺元素是指构成服装加工工艺的最细小单位和基本成分。工艺是制作服装的必要手段，如缝纫方法、熨烫方法、锁扣方法、分部工艺、绣花工艺等。服装工艺受制于服装结构，除了拱针、抽穗等外观特征比较显著的工艺以外，大部分服装工艺因隐藏在服装产品内部而比较隐蔽。

二、对服装设计元素的再认识

（一）外观表现与影响

在服装设计风格的塑造中，设计元素在外观表现上发挥着不同作用。通常情况下，设计元素在设计中影响产品风格的作用依上述次序排列，当然，在实际应用中也不排除上述次序变动的可能。相对而言，结构元素和工艺元素是比较隐性的设计元素，往往不被基于外观意义上的款式设计所重视，有些设计师甚至没有意识到这些也是设计元素。

影响设计元素外观表现的因素十分复杂，其使用时间、使用位置、使用面积、使用环境、周边元素等因素的变化，将会使原来的含义出现微妙的变化。另外，人们的不同审美观也对设计元素的表现产生了不可忽略的影响，在意识形态和文化背景的作用下，某些设计元素可能会出现完全相反的含义。

（二）研究与存在方式

从研究角度看，在以上分类中，可以将设计元素合并为单纯元素和集合元素两大类，其研究意义与存在方式应该区别对待。

单纯元素是指在纵向分列内的、不考虑与其他种类元素横向关联的设计元素。例如，在谈论造型时只考虑其性质、形态和量态而不考虑其色彩或材质等因素。从单纯元素的角度出发研究问题，可以使问题变得比较简单明了，但是，纯粹的单纯元素往往不是设计元素存在于服装产品中的最终状态，因为它在被使用前还会涉及或需要明确的其他设计元素的内容。以造型为例，仅仅考虑什么性质的造型和相关形态及其体量关系如何，只是完成了造型意义上的单一选择，还要进行色彩、材料、图案或结构等其他方面设计元素的考虑。

集合元素是指对选定了的单纯元素作横向关联，将其他设计元素集合成为服装上出现的最终形式，成为一个可以使用的独立的设计元素。以配件为例，在完成了配件的性质、形态和量态选择以后，再作出色彩、材质或图案等方面的考虑，才能成为具体的、完整的和独立的设计元素。

第二节　品牌服装的主题设计

一、品牌服装主题设计的灵感

（一）服装设计的灵感

灵感是经过长时间的实践与思考后，思想处于高度集中化，对所考虑的问题已基本成熟而又未成熟，一旦受到某种启发而融会贯通时所产生的新思想、新方法。

服装设计的核心是创新，要创新就需要合适的切入点，这个切入点就是通常所说的灵感。灵感具有突发性、超常性、易逝性的特点。灵感需要不断积累，才能在偶发情况下产生。王羲之需有墨池之功才有《兰亭序》之美，颜真卿观屋漏之雨水，才能悟出“屋漏痕”。

如果说产品构架是骨架，那么灵感就是灵魂，主题设计则是经脉，设计元素就是充实于其中的血肉。在有一定的积累之后，我们很容易获得设计的灵感，灵感可以是多方面的。例如，品牌 Alexander Wang 曾经以货物堆积的重量感为灵感来源；品牌 Behnaz Sarafpour 曾经以时尚解剖为灵感来源；品牌 Chris Benz 曾经以休闲复古的节日打扮为灵感来源；品牌 Anna Sui 曾经以 20 世纪 70 年代的风貌作为设计的灵感来源；品牌 Dior 曾经以日本艺妓作为设计的灵感来源。

为了获取灵感，搜集大量的流行元素信息成为设计师必做的工作；为了设计出新的设计元素，设计师必须投入流行信息的海洋中去，不断地感受、吸收和创作。

（二）服装设计的灵感来源

灵感的来源多种多样，主要包括：生活、自然、艺术、文化、新技术、流行资讯。

1.生活与自然

任何灵感都不可能是无源之水、无木之本，它是生活中的万事万物在人的思维中长期积累的产物。生活中的一切，如旅游、游戏、恋爱、对话、历史，甚至儿时对棉被温暖的记忆也可以作为服装的灵感来源。

自然界的任何事物都能源发人的思维，使人从中捕捉到灵感，如自然环境、植物、动物、人物、人造物品（图 3-2）。

图 3-2　自然中的灵感

2.艺术与文化

艺术方面，这里指建筑、绘画、音乐、舞蹈、电影、文学等。绘画中的线条与色块，雕塑中的主体与空间，摄影中的光线与色调，音乐中的旋律与和声，舞蹈中的节奏与动感，戏剧中的夸张与简约等，都可以成为设计的灵感。

收集以建筑为主题元素的图片，主要应用于廓形设计，进行局部剪切、拼贴，色彩上采用机械感的黑、白、金银为主色调，可以塑造具有现代科技感、未来感的主题。如图 3-3 均可作为灵感来源图片，可以激发丰富的想象力。

优秀的民族文化在设计师眼中都是取之不尽、用之不竭的资源。服饰文化领域主要可以从古代服饰、民族服饰、戏剧服饰着手考虑。

图 3-3　建筑

3.流行资讯与新技术

从流行趋势的预测中,把握流行的脉搏,确定设计主题。

新技术是我们可靠的切入点,国际上很多服装设计大师都曾经从新技术着手考虑设计。例如,侯赛因·查拉扬曾经把霓虹灯设计进服装,也曾经让服装能够变形为可以自动升降的帽子。

(三)品牌特定灵感的找寻

每一个服装品牌都有自己特定的品牌定位,即使获得同样的灵感,也会根据品牌定位、成本核算等实际情况的约束设计出不同的服装。这个时候,收集灵感的大脑就像一个神奇的机器,各式各样的新鲜事物进入了这个机器,而从另一端出来的则是经过筛选和加工的元素，等待着被组合成符合某一特定品牌风格的作品。

在寻找灵感时，必须以自己所服务的品牌为依托。国际著名的设计大师加里亚诺在刚入主迪奥品牌时特别注意尊重迪奥品牌原有的精神，花费大量的时间和精力去了解这个经典品牌的本质。他非常清楚自己的职责是在保留迪奥品牌精神的前提下，发挥创意，使它焕发新的活力。如今，许多服装品牌在招聘新的设计师时，会给予一段时间，让新设计师了解并掌握本品牌的本质风格和特点，在此基础上，才是新设计师施展才华的空间。如果设计师与品牌不能很好地磨合，或者设计师不愿遵循品牌固有的风格，则双方很难合作下去。

国内外著名设计师的灵感和创意都经受了品牌本身和市场的考验。每年，许多服装公司都会组织设计师外出参加面料展或者服装发布，通过这种手段使设计常新。如果在灵感确实匮乏的时候可以通过旅游、参观博物馆、翻阅书籍、电影等获得灵感。著名设计师安娜·苏近期的一个发布便是以她参观博物馆后的感悟为灵感源。Chanel 的现任设计师卡尔·拉格菲尔德曾经来中国作发布秀，两三天的行程就有近一半的时间是在上海博物馆度过的。

（四）品牌固定灵感的探求

灵感飘忽不定，从灵感到实际的设计作品，中间有一条漫长的路。其中的奥秘只有设计大师才清楚。年青一代，所能做的就是尽可能地勤奋——勤奋地观察，勤奋地思考，勤奋地设计。加里亚诺是怎样制造梦幻的呢？他说："最初它只是一颗令人兴奋的火花，我将它变成了一种语言，经过长久的摸索和构思，就形成了这一时装系列。"作为一位服装设计师，寻找灵感、固定灵感是我们时常要思考的问题。无论看到个什么可以激发灵感的事物，我们都可以用随身携带的纸笔做记录，可以以文字的形式、图片的形式，等这个过程达到一定的量时，即会产生质的飞跃。

二、品牌服装主题设计的方法

（一）确定主题

在确定主题之前，设计总监要搜集各种元素和流行信息，然后筛选出符合本品牌的风格的新鲜的灵感。主题设计就是将灵感固定下来，指导设计的手段之一。主题对于企业、设计团队、产品都有重要的价值，主题定立的好坏，直接关系到品牌产品的畅销与否。主题在很多情况下促成品牌高附加值。当然也有许多小服装企业，他们也不制定主题，仅靠零散的产品来组合成一季货品。

主题必须是在充分调查消费者的需求和欲望的基础上，同时考虑时代气息、社会潮流等，主题可以是几个字或者是一段话。每年根据品牌情况，可以结合流行趋势先定一个明确的大主题，在这个大主题下再分出数个分主题，也就是系列主题。主题的确定能使设计风格统一，产品的指向性强。

广义的主题包含了文字概念、色彩概念、面料概念、款式概念等内容；狭义的主题则仅指文字部分。设计师可以根据主题设计的运用方式选择是制作广义的主题还是狭义的主题。一般成熟的设计师则仅仅靠制作狭义主题即可。例如，某休闲装主题——主宰：飞扬的青春，年轻的生命。冬日里，阳光依旧灿烂，不畏严寒，去郊游、去奔跑，这个星球，要由我们来主宰，让地球旋转起来。由这个大主题可以寻找到很多的元素，也可以在这个大主题下生发很多系列主题。有的品牌制作的主题介于广义主题与狭义主题之间，既包括部分文字概念、色彩概念、面料概念、款式概念，但内容又不全面，对此我们还是把它界定为广义的主题。如图 3-4 所示是主题概念板（以下简称主题板），主题板有利于主题的确定和把主题明确地告诉受众。

很多时候，主题制定之后如果发现局部有问题，可以进行调整。因为最初制定主题时往往是模糊和笼统的，在实际进行设计的时候，设计师会发现之前定的主题有很多因素没有考虑到。比如，主题的流行度不够，主题不够新鲜，主题的受众对其接受度可能不够等，我们都会进行调整，使主题更鲜明有效。

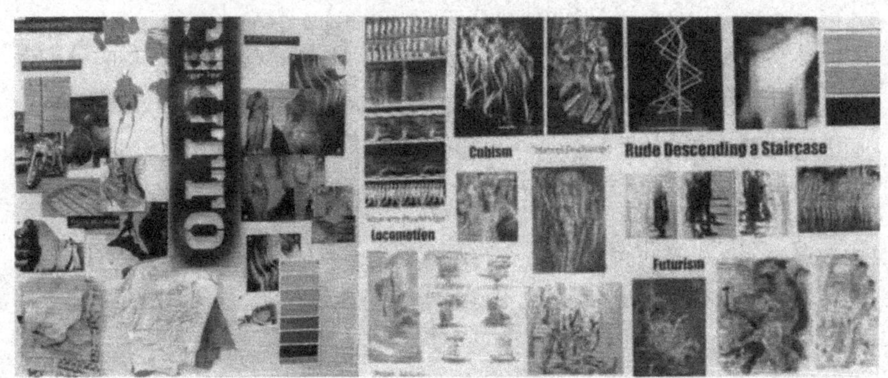

图 3-4　主题板

一般情况下，一季度产品可分为三四个系列主题，用文字或结合图片对系列主题进行定义、诠释。各个系列主题中，在面料的色彩搭配、面料的质感、图案和款式的特点上是既有区别又有联系，从属于大主题。例如，某重庆品牌的系列主题定为：田园情怀——畅想、田园情怀——梦幻、田园情怀——情迷、田园情怀——浪漫等。这个系列主题使整个年度的主题具有统一性、延续性。

下面以某品牌秋冬产品开发为例来探讨主题的定立要考虑的元素：

某品牌的基本情况：中档女装，品牌受众年龄定位为 30～45 岁，该年龄段的消费群体是服装消费的主要群体，是消费群体中购买单件服装价值最高的群体。该群体大多数人的人生观和价值观已相对成熟，因此对风格、对时尚有自己的喜好，其中相当部分人购物理性居多。根据往年的经验，该品牌秋冬季产品中大衣、毛衫、裤子的销售额高，市场占有率大，因此本季秋冬产品中还是以畅销款型为重点。

流行趋势表明：现代科技不断促使生活进入信息时代：人们的生活节奏不断加快，人们开始怀念往昔，尊重过去，渴求恢复原始文化的质感，因此我们考虑用一些怀旧元素；图案方面，据调查研究，装饰性图案芳主比较符合该品牌；色彩方面，秋冬季中，米色、咖色、驼色这类大地色调是历年来某品牌的畅销色，因此还是延续这些颜色。

在这里我们要出售的不只是商品，还是隐藏在商品背后的一段段故事。因此，我们给消费者营造一个沙滩休闲氛围，继而根据沙滩的色彩，沙的质感联想到了泥土和陶艺，这样第二个主题也应运而生了。前两个主题的色彩过于单调，加之流行趋势预测紫色和蓝色将一度流行，因此我们联想到海洋生物、植物花纹等。所以第三个主题是关于海洋动植物的。如表 3-1 所示。

表 3-1　品牌服装主题设计举例

主题	第一主题泥土	第二主题陶艺	第三主题海洋动植物
色彩感觉及搭配	主色：米色、咖啡色、驼色辅助色：黄色、蓝色	主色：咖啡色、灰色辅助色：绛紫色、绿色	主色：墨绿色、黄色、海蓝色、绛紫色辅助色：白色、紫色
面料感觉	麻、毛、有发光效果的涂层面料、花式针织面料	粗犷的且肌理效果丰富的面料、经向凸条织物，有类似陶艺纹样图案的面料、毛、麻、粗针羊毛	有海洋动植物图案的面料、棉、毛、麻、灯芯绒
款式	大衣、毛衫、裤子等以畅销款为主，以夹克、衬衣、羽绒服为辅		

（二）主题设计方法

1.搜集相关风格的流行元素

服装的风格有多种：都市风、田园风、嬉皮、朋克、未来科技、运动休闲等，各自都有各自对应的流行元素，但并不是说这个流行元素都市风格的可以用，田园风格就不能用。例如，淑女屋的设计以蕾丝花边和可爱的元素组合为主。淑女屋用的蕾丝花边，一样可以出现在田园风格、都市风格的服装里面。只要稍作调整，符合品牌内涵即可。所以我们平时要注意搜集流行元素，以便于在设计时能方便运用。

2.将流行元素用故事板表达

在许多公司，通常设计总监会将所有的概念用一个故事板来表达，主题以拼贴画的形式出现，将图片和文字装裱在一块 KT 板或纸板上，图片是文字的补充和解释。尺寸取决于具体内容的多少和公司的情况。这样能直观表达设计主题，我们把它叫作主题故事板。主题故事板通常会包括一系列关键词，如"感觉"、"舒适"或"诱惑"。如若本系列是针对某一特定的顾客群设计，将会更具有针对性地选择符合这个顾客群的生活方式或者身份地位的图片。

这种故事板向他人展示设计师所聚焦的设计信息——色彩、面料、辅料、图案、搭配方式等，无论客户、资金赞助商、设计团队或者企业主管，都可通过故事板很明确地了解表达主题。设计师通常将图片和面料小样等进行排版和构图，便于突出主题。

通常每个季度会根据上市时间划分不同的时间段，在不同阶段推出的主题系列，有些品牌也会在同一时间推出几个不同的主题系列，但是这些主题都会符合这个品牌的风格定位，同时也考虑市场接受度和潮流动向。很多品牌根据品牌情况，联合盛行趋向确定主题，一年通常有三四个主题。有的品牌一年有七八个主题，如果主题过多，这些品牌则会给整个年度的主题编个故事串联起来。在各个主题中，在面料的颜色搭配、面料的质感、图案和款式的特征上是既有区别又有联系。

主题板里面要包含主题文字、主题色彩、主题面料、主题款式等内容。例如，文字概念可以是一个题目和概念，是对主题大的方向的定义，如果有多个系列，则可在大标题下生发诸多小标题。小标题下可以有诸多关键词(图 3-5)。

图 3-5　故事板

3.以款式图形式使其具象化

有了故事板的直观表达，我们很容易厘清自己的思路，对设计主题的外围和内涵有更清晰的界定。我们可以在故事板的基础上进行款式图的绘制。款式图需要遵循一定的比例和绘画方法，清晰地表达结构线。最后的款式图是服装打板师打板的依据（图 3-6）。

4.绘画出效果图

有的公司会要求将款式图绘画成效果图（图 3-7），以期将设计理念更直观地表达给相关人士。但是许多公司都省略了这个步骤。因为绘画成效果图费事费力，所以诸多公司都没有进行这个步骤。

通过前期的调研策划，主题板的制作等，便可根据主题选择流行元素，将产品的方向、类别、框架，包括款式、色彩、面料等信息表达出来。

图 3-6　款式图

图 3-7　效果图

我们通过以下服装品牌的当季设计来探讨主题设计方法的应用：

该品牌是重庆某品牌，成立于 2004 年，主要为城市女性时尚休闲而设计，产品低调、实用。产品主要在重庆销售。产品定位在 20～38 岁之间，消费者主要为重庆本地人，价格区间在 200～800元之间。

第三节　品牌服装的设计风格

一、品牌服装设计风格的概念界定

（一）品牌服装设计风格的定义

服装风格是指服装设计师通过设计方法，将其对服装现象的理解用服装作为载体表现出来的面貌特征。从理论上说，任何一件服装都可以划归到一定的风格类型里面，因为它们都符合产品设计风格的一般要素。在实践中，一些风格既鲜明又新颖的产品容易被人们关注，认为是具有风格的产品，而在某种背景下，一些特征比较模糊的产品往往被认为不具备风格。事实上，某种背景下的模糊不能说明没有风格，只不过是因其个性不明显而不能突出于这种背景。比如，我国“文革”时期千人一面的服装在当时背景下毫无风格可言，如果出现在今天的时尚队伍中，将会因风格非常鲜明而引人注目。

品牌服装设计风格是指以品牌文化和品牌诉求为原则、以时代变化和市场需求为导向、渗透了设计师个人风格的产品面貌特征。服装设计是艺术设计中的分支，其绝大多数设计结果是投放市场的产品，只有部分设计结果才能称为“作品”，相对来说，前者的艺术成分少于后者，但都可以具备一定的艺术风格。正因为服装只是部分地带有艺术特征的产品，所以艺术风格的含量也随之减少。

（二）品牌服装设计风格的特征

1.设计风格提升物质材料的价值

设计风格的价值与物质材料的价值在很多情况下不成正比。

品牌服装设计的误区之一是物质材料价格越高,设计风格就越明显。虽然高价材料有其高价的理由,可以在一定程度上方便设计风格的表现,但绝不是带动设计风格之价值的主要理由。因此,用质优价高的材料制作服装,带动的是因产品材料成本价格增加而相应提高的售价,并不能真正反映设计风格的价值。从服装的物质构成来看,面料的价值主要掌握在面料公司而不是服装公司手中,后者在面料方面要达到高标准并不难,可以挖掘的潜力十分有限,造成突破的可能性也不大,相反,倒是一些普通面料在设计风格的支持下,提升了原有价值。比如,我国温州地区数家领头的男装品牌已经很难在面料和工艺这两个方面分高低,品牌运作理念却使它们在市场上决出了胜负。

2.设计风格选择生产工艺的类型

设计风格需要恰当的生产工艺表现。根据服装生成的一般程序,在设计风格确定的前提下,才有对生产工艺的选择,因此,采用哪种生产工艺是设计风格选择的结果。尽管新的生产工艺可以从某种角度上激发设计灵感,或者说一种生产工艺的表现对应着一种服装制作的效果,但是,设计风格还有其他设计元素的加入,特别是设计师对设计风格思考的结果,所以,在大部分情况下,生产工艺应当任由设计风格选择。比如,一些失传的传统工艺并不是因为那些工艺本身不美观,而是除了企业追求生产效率的原因之外,设计风格因人们的审美口味发生了很大变化而作了相应改变,那些传统工艺已经不能成为设计风格的首选,于无形中遭遇了被淘汰的命运。

3.设计风格附和市场需求的走向

品牌服装的设计风格具有明显的商品特征。在品牌运作过程中,资本的逐利性和商品的流行性使得商品不断地发生着循环上升的交替性变化,使得设计风格也附和着出现了相应变化。尽管设计风格带有明显的设计师个人思维的痕迹,但是,有生命力的设计风格是市场需求的反映，没有市场需求的设计风格将难以存在，因此，设计风格是对市场需求的附和。一种设计风格的名下可以囊括无数具有同样风格倾向的产品，一件产品却只能归类到一种对应的设计风格名下。就品牌服装而言，一个品牌一般只拥有一种设计风格，一种设计风格则可以涵盖众多品牌。当这种涵盖范围越广时，就越是表露了流行迹象，也越是证明了设计风格为了满足市场需求和顺应流行趋势而进行自我转型的商品特征。

二、品牌服装设计风格的形成因素

品牌服装设计风格是加上了“品牌服装”这一定语之后的设计风格，这一概念界定了研究范围仅限于“品牌服装”，从本质上来看，影响品牌服装设计风格形成的因素与影响其他领域设计风格形成的因素基本一致。在表现上，除了上述影响设计风格形成的共同因素以外，品牌服装的设计风格还有其自身的因素，这些自身因素是由服装产品的特点决定的。影响品牌服装设计风格形成的主要因素表现在设计理念、人体工学、生活方式、物资材料、加工方法等几个方面。

（一）设计理念

设计风格以现代设计为理论先驱。服装设计是现代设计的一个分支，其风格的形成将不可避免地受到现代设计理论的影响。由于服装设计的结果是提供给人体衣着的服装产品，首先要考虑人的舒适性，其可供表现的天地和设计的自由度远不如其他设计领域那么宽泛。因此，在大多数情况下，服装设计理念不如其他制约因素较少领域的设计理念那么激进，表现手段也相对有限。尽管如此，现代设计中的设计理念仍然极大地影响着服装设计，这一特征在小众化品牌服装中得到了充分体现，尤其在创意服装中表现得更是淋漓尽致。

(二)人体工学

设计风格以人体工学为科学依据。现代科学技术的发展,使人类开始有更多的条件和手段研究自己,也更进一步地了解了自己。由于服装是除了化妆品以外与人体最直接接触的产品,服装设计受到人体工学的制约,已不再仅仅表现为服装的款式、色彩、面料的翻来覆去的变化,而是提出了舒适性、防护性、运动性、保健性、环保性等更高层次的要求。当前,在生命科学、材料科学等学科的支持下,人体工学在一些研究领域取得了很大进展,其研究成果为服装设计的突破提供了科学依据。近年来不断问世的"可穿戴设备"便是例证。

(三)生活方式

设计风格以生活方式为市场导向。当前,人们越来越重视个人的价值,服装的个性化设计可以辅助人们达到这一目的。尽管与诸如电信、传媒等其他产业相比,服装产业对人们生活方式的改变所起的作用较小,但是,服装设计正通过自己的努力,积极地参与着改变人们生活方式的社会潮流,改变了的生活方式也反哺性地大大解放了服装设计思维。由于服装的设计调整比较容易,生产方式相对比较灵活,因此,服装从满足个性化的角度去满足生活方式的改变相对比较容易,成为服装品牌的市场导向。

(四)物质材料

设计风格以服装材料为表现手段。高新技术的飞速发展正在积极改造传统的纺织行业,被部分人称为"夕阳产业"的纺织产业获得了新生,纺织面料新品种的大量开发和具有高科技含量的新服装材料的大量涌现,使得设计师们扩大了施展设计才华的舞台,为服装产品的多样化提供了可能。品牌服装作为服装中的一枝独秀,更是如鱼得水,设计表现的手段得到了空前的扩展,这一服装产业的新动向也进一步促进了新的设计风格的形成和旧的设计风格的改变。

（五）加工方法

设计风格以加工方法为技术支撑。高新技术的成果还突出体现在服装加工机械设备的进步方面，为表达设计思维提供了必要的技术支持。服装机械的设计越合理，加工出来的服装产品质量就越高，工艺花式就越多，表现设计灵感的手段就越广。为了达到标新立异、品质至上的效果，具有自主生产能力的品牌服装企业在改进加工工艺方面总是不遗余力，添置昂贵的新型服装机械，不断探索新的加工工艺，十分注意生产质量的提高。在原创设计尚显不足的服装企业，先进的机器设备往往是他们用来增强竞争力的利器。

三、品牌服装设计风格分类

设计风格是品牌服装设计的灵魂，是品牌服装产品设计结果的呈现。当服装设计的结果出现某种比较明显的特征时，往往被赋予某种名称，以确定这种风格与其他风格的区别。

设计风格的名称往往与文化渊源、灵感出处、艺术风格、外观特征或时代审美有很大关联，比如朋克风格、披头士风格、罗莉塔风格、BlingBling风格等，都能看出各自关联对象的影子。风格无论被赋予什么样的名称，从存在于市场的主次关系上来说，品牌服装的设计风格可分为主流风格和支流风格两大类。

（一）主流风格

主流风格是指符合当今服装市场主要流行风潮和趋势的风格倾向。主流风格并不是几种相同或相似风格的聚集，而是几种涉及面广、产品数量多的风格集中在一起，就形成了所谓的主流风格。因此，在主流风格中，依然存在多种不同的风格的组成，它们中有表现迥异甚至对立的风格特征。概括起来，品牌服装的主流风格主要有以下几种类型。

1.经典风格

经典风格是指由一些经过时代洗礼而流传下来的经久不衰的设计元素所构成的风格样式。此类风格不太注重追随时尚，力求保持原来本色，用一种“以不变应万变”的态度，平和地面对快速变化的流行市场，隐约透露出传统的服装韵味，是一种比较成熟的、能被大多数消费者接受的、讲究穿着品质的服装风格(图3-8)。

图3-8 BURBERRY品牌

2.休闲风格

休闲风格是指由一些体现轻松自由和回归自然的设计元素所构成的风格样式。此类风格以贴近日常生活为本，在整体上呈现出随意、宽松的特征，十分注重还原穿着者的本我状态，强调服装的基本功能，便装化特征明显，市民气息浓郁，涵盖了家居服、户外服等不同服装类型，适合于几乎所有生活场合穿着(图3-9)。

图 3-9　D&G 品牌

3.中性风格

中性风格是指由一些性别标识特征模糊的设计元素所构成的风格样式。此类风格选择的设计元素大都没有明确的性别专用标识，无论是面料、图案、色彩，还是造型、部件、装饰，基本上可以在男装与女装上通用，如将原来属于男装的设计元素用在女装上，而原来属于女装的设计元素则用于男装上（图 3-10）。

4.淑女风格

淑女风格是指由一些能够体现清纯贤淑和轻盈灵秀意味的设计元素所构成的风格样式。此类风格主张弥足珍贵的淑女气质和典雅风范，提倡优雅非凡的女性形象和十足魅力，挖掘一切符合这一目的的设计元素，执着于打造更具个性和品位的女人。在表现形式上，淑女风格以清新、淡雅、飘逸、合体、经典的样式为主（图 3-11）。

图 3-10 CALVIN KLEIN 品牌

图 3-11 OSCAR DE LA RENTA 品牌

5.商务风格

商务风格是指由一些适合于商务工作需要的设计元素所构成的风格样式。此类风格因各地商务工作习俗不同的缘故，对设计元素的风格定义也不尽一致，涵盖的服装类型非常广泛。随着近年来第三产业的迅速发展和商务人士的大量出现，以严谨风格为基调、夹杂着其他风格特征的商务风格服装已经逐渐成为一种风格比较明显的服装类型（图 3-12）。

图 3-12　PALZILERI 品牌

6.混搭风格

混搭风格是指由一些看似毫不相干甚至相互冲突的设计元素所构成的风格样式。此类风格的设计元素比较新潮、组合方式不同寻常，尤其是在一个完整的着装形象（即一个着装单位）里，利用具有不同风格的整件衣服进行任意搭配，并巧妙利用服饰品调节风格上的细微变化，追求具有"高感度"的时尚品味（图 3-13）。

图 3-13　COPPWHEAT 品牌

7.都市风格

都市风格是指由一些能反映“快速时尚”特征的设计元素所构成的风格样式。此类风格十分强调服装流行信息的应用，款式的变化节奏快，产品的流行周期短，以工作环境为基调，兼顾生活、社交、娱乐等多种着装场合，因此，都市风格的服装涉及多种服装类型，符合都市人礼节性交往和快节奏生活的需要（图3-14）。

8.运动风格

运动风格是指由一些具有竞技体育特征的设计元素所构成的风格样式。此类风格通常应用夸张的文字图案或鲜艳的色彩镶拼，面料以针织物为主，廓形则比较简单，产品面貌十分明确。尽管它们不是用于正式体育比赛的服装，但依然受到大多数年轻人的喜爱，已经逐渐演变成能够在日常生活中穿着的主要服装类型（图 3-15）。

图 3-14　H&M 品牌

图 3-15　LACOSTE 品牌

（二）支流风格

支流风格泛指未能列入主流风格的其他一切风格。支流相对主流而言，是几种尚未形成主流的风格聚集，它们可以类似，也可以对立，其共同特点是市场接受度尚小。虽然支流风格旗下的产品规模不及主流风格，但是，其不断新生出来的风格类型未必很少，并且因其具有一定的时尚先锋作用而影响力不容小觑。概括起来，品牌服装的支流风格主要有以下几种类型。

1.民族风格

民族风格是指由一些具有民族文化特征的设计元素所构成的风格样式。此类风格往往特征十分明显，成为产品风格差异化的主要手段。但是，由于人们对民族文化存在着理解上的差异，其设计元素的采纳程度和设计风格的流行区域将会有所限制。因此，在把民族元素处理成品牌服装设计元素的过程中，通常进行所谓“符号式应用”或“现代化应用”（图 3-16）。

图 3-16　SHANGHAI TANG（上海滩）品牌

2.军警风格

军警风格是指由一些具有军队或警察等国家机器的制服特

征为设计元素所构成的风格样式。此类风格在保持品牌服装设计风格诉求的同时，利用军警制服的肩章、兜袋等部件元素和绳带、镶边等装饰元素，采用硬挺的面料和合身的结构，在皮靴、腰带等服饰品的配合下，营造出军警制服特有的阳刚英武之气（图3-17）。

图 3-17　LARGFELD GALLERY 品牌中军警风格的产品

3.校园风格

校园风格是指利用一些具有校园文化或学生制服特征的设计元素所构成的风格样式。此类风格一般参考某些名校的学生制服或校徽校标，除了一些被指定为校服的服装以外，通常会弱化制服痕迹，设计出能被更多青少年甚至成人认同的流行服装，以他们喜闻乐见的方式，在不失时尚度的前提下，使前者获得身份归属感，后者重温校园学子梦（图 3-18）。

4.严谨风格

严谨风格是指由一些从道德观念层面来看偏于保守的设计元素所构成的风格样式。此类风格的设计元素排列有序、中规中矩、尺度安全、无碍观瞻，或简洁精练，或装饰得当，或功能鲜明，或稳重大方，营造出廓型合体、外观挺括、干净利落、传统守旧的着装印象，比较适宜于正式的公务和礼仪场合穿着（图 3-19）。

图 3-18　LANVIN 品牌中校园风格的产品

图 3-19　BROOKS BROTHERS 品牌

5.浪漫风格

浪漫风格是指由一些具有富有诗意的情调或充满幻想的设计元素所构成的风格样式。此类风格的市场定位往往在某些方面超出现实消费者的真实需求，一定程度地无视衣着环境的制约，在服装产品中极力营造梦幻般的浪漫气息，并可以进一步分解为婉约、清纯、潇洒、飘逸、柔美、妩媚、迷醉等服装风格体验（图3-20）。

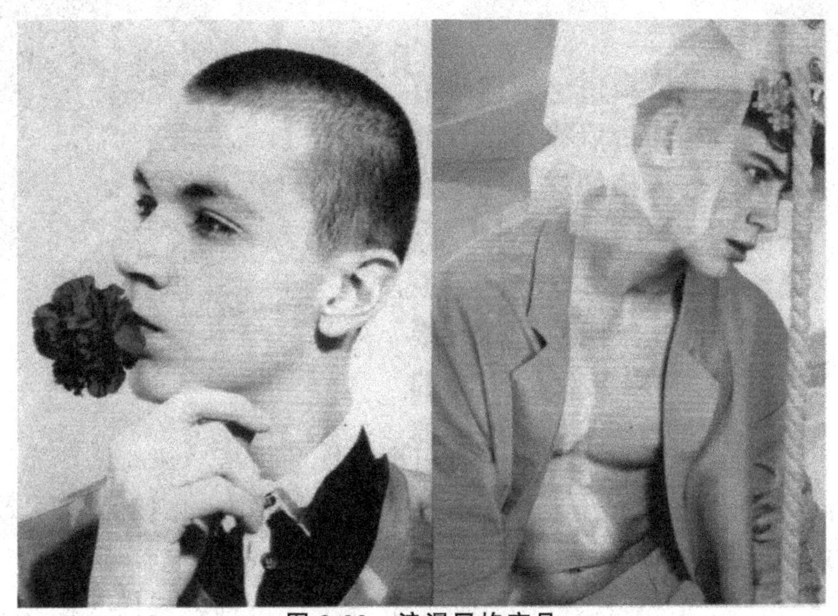

图3-20　浪漫风格产品

6.户外风格

户外风格是指由一些具有户外运动特征的设计元素所构成的风格样式。此类风格的标识性没有运动风格那么明显，更接近于休闲风格与运动风格的结合，力求在爬山、郊游、垂钓、野炊等非竞技性户外运动中物尽所能，因此，此类风格比较讲究产品的功能性，要求有较高的防护指数（图3-21）。

图 3-21　COLUMBIA 品牌

7.乡村风格

乡村风格是指一些由具有田野特征和民俗口味的设计元素所构成的风格样式。此类风格具有明显的非都市化特征,将民族的、民俗的、地域的、原始的、豪放的、悠闲的设计元素融入其中,并以其自然亲和的风格特征而独树一帜,在当前以现代气息为主要潮流的服装风格中,具有十分鲜明的个性(图 3-22)。

8.另类风格

另类是指由一些功能错位或形式怪诞的设计元素所构成的风格样式。此类风格是对大多数现有服装风格的反叛,以标新立异为己任,其风格取向不惧稀少,只怕雷同,具有相当的创新性。在实践中,此类风格推广到一定程度时,其另类的成分降低,大众的成分上升,设计风格将摆脱旧的桎梏,寻求新的突破,求得新的"另类"(图 3-23)。

图 3-22 乡村风格产品

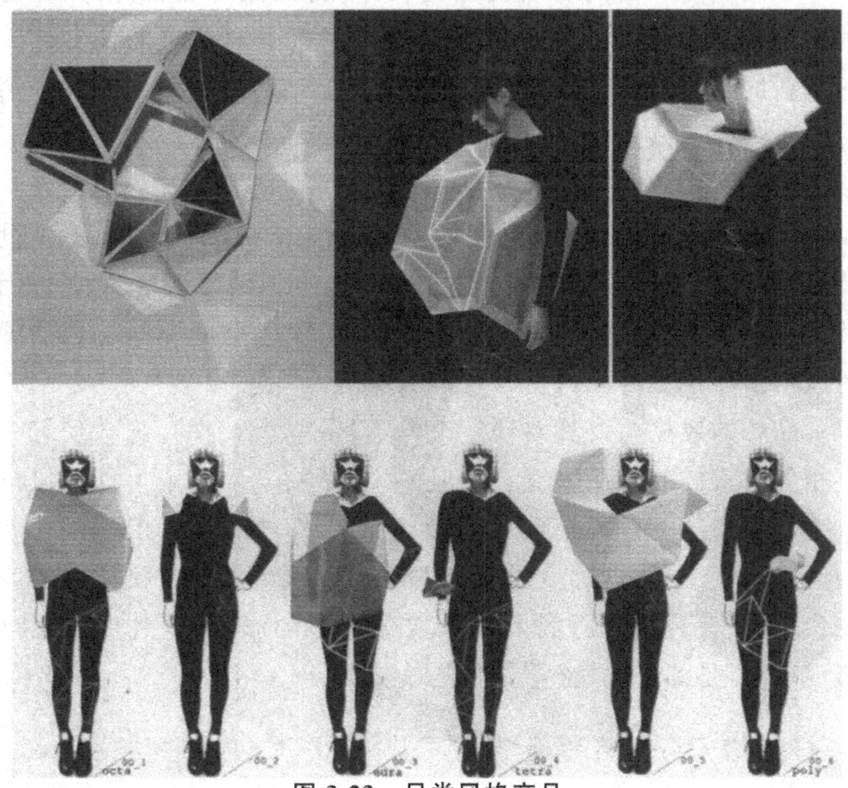

图 3-23 另类风格产品

四、品牌服装设计风格的确立

风格是品牌的灵魂，确立一种风格意味着确定了某类消费者。确定品牌及其产品的风格是品牌定位中一个非常重要的内容，是在正式实施具体的服装产品之前必须完成的工作。这一工作可以由企划部门负责，但是，由于它具有鲜明的设计工作特征，也可以列为设计部门的工作内容。

（一）正确认识品牌服装的设计风格

1.服装设计风格的稳定性

服装设计风格的稳定性是指设计风格要在一定时间内保持的稳定程度。稳定的设计风格有助于消费者对品牌的认知。对一个新的服装品牌来说，品牌风格在一定时期内的稳定有助于消费者对品牌的认知，因上市之初的销售业绩不理想而匆忙改变服装的风格，将不利于形成稳定的消费群。有相当一部分消费者对品牌是忠诚的，要求品牌也能忠诚于他们，即不断给他们提供设计风格满意的产品。品牌档次越高，这样的消费者就越多。因此，稳定的品牌风格是抓住消费者的利器，这也是一些著名品牌的风格多年不变的原因。

品牌的风格需要相对稳定。但不是一成不变的，它会随着一些相关因素的改变而变化。一般来说，影响设计师个人创作风格改变的因素主要由两个：一是个人生活事件的突变会促使创作者的风格产生变化，这种变化来自主观意识，是急剧的、跳跃性的改变；二是社会环境和各种新思维对创作者的影响，这种变化来自客观现实，是渐进的、潜移默化的改变。

2.服装设计风格的模糊性

服装设计风格的模糊性是指设计风格在一定范围内认知的

困难程度。服装设计风格因多种影响因素的作用而相对模糊。服装产品的风格与纯艺术作品的风格相比容易显得模糊，这是因为影响服装风格的客观因素很多，一些具有一定风格的材料非但难以改变其原来面貌，而且会修正设计的本意，影响原始设计动机。比如，人们很难想象用一块具有强烈夏威夷风格的面料来设计一款校园风格的服装。

一种设计风格对应着一个款式群，即一种设计风格可以由无数的款式构成；一个款式可以体现一种设计风格，即任何一个款式都可以具备某种设计风格。尽管人们对某个风格倾向模糊的款式在风格属性上难以认定，其实，模糊也反映了一种风格。比如，服装在性别上的难以辨认反而成就了当下颇为流行的中性风格。由于产品的设计风格与个人的主观判断有着极为密切的关联，表达了人们对某一事物外貌的评价，因此，对服装风格的定位也不可避免地带有一定的主观色彩。即便如此，仍然有许多服装的风格不易界定，对某一个品牌而言，往往其典型产品的风格特征比较清晰，非典型产品的风格特征却比较模糊（图 3-24）。

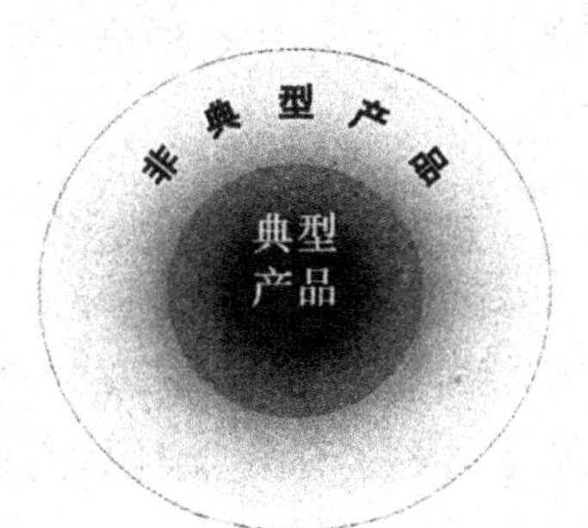

图 3-24　典型产品与非典型产品风格关系图示

3.服装设计风格的流行性

服装设计风格的流行性是指设计风格在一定区域内产品的保有程度。这种保有量越大，说明其流行的程度就越高。服装是具有强烈时代特征的流行产品，即使设计师不主动求变，其设计风格也会在一定程度上受到消费者流行趣味的影响而改变。随着时代的进步,服装设计元素也将面临“蜕进”,随之而来的是设计风格的变化。这也是品牌服装和非品牌服装的区别之一。

服装设计风格的流行性还在于一种风格一旦被市场认可,便极有可能被其他品牌争相模仿。由于服装产品的设计风格比较外观化,对模仿者来说,通过现成样板的抄袭而达到外观上的形似并不难,而且可以节省自己的开发成本。为了摆脱这种困境,真正的服装品牌自身应该具备不断创新的能力,在品牌文化的指导下,建立自己的设计风格。

4.服装设计风格的转换性

服装设计风格的转换性是指设计风格从主次关系上保持的变动程度。虽然品牌服装的设计风格需要相对的稳定性,但是,其设计风格不是一成不变的,相反,设计风格必须进行一定程度的应时而动。大部分品牌服装的风格会随着大众审美口味的变化而作出风格的相应调整,因为大部分品牌并不能真正领导时尚,而是跟随时尚。创造流行只是品牌的美好愿望,没有相当的实力支撑,这个美好愿望只能成为一种奢望,这一现实印证了服装拥有流行文化的特点。

品牌服装风格阵营里的格局也会发生转换,主流风格和支流风格是相对的划分,今天的主流风格可能会变成明天的支流风格,反之亦然。风格的名称与样式也宛如生命运动一样会发生变化,新的风格会不断诞生,旧的风格会逐渐淘汰,或者新旧风格同时并存,相安无事。

(二)影响品牌服装设计风格的因素

1.服装市场的细分

服装市场细分是影响品牌服装风格变化的规律性因素。市场正呈现越来越细分化的现象,市场细分化的结果使得原先的空缺被塞满,形成品牌间的风格差异细微化,正如一个色相环上只有三组对比色时，每个色彩之间很容易区分，当一个色相环上出现成百上千个色相时，邻近色的区分将变得非常困难。服装品牌层出不穷造成品牌风格“撞车”现象增多，从客观上引起品牌风格模糊。这种变化是由市场发展的规律决定的。

2.相关行业的发展

相关行业发展是影响品牌服装风格变化的辅助性因素。服装设计元素中的许多内容不断蜕化和演进，造成原有认识的局限与不足。尤其是左右服装外观效果的面料不断推陈出新，促使服装风格发生较大转换，在一段时期内，这种转变可引起消费者对品牌风格的认知困难。电脑喷印、泡沫印花或无线缝纫等新加工技术对服装风格的改变也产生一些影响，服装风格的模糊性特点和新生消费者的审美观改变将会导致原有风格发生忽左忽右的偏离。

3.从众心理的驱使

从众心理驱使是影响品牌服装风格变化的主观性因素。经过一定时期的生存，一个品牌需要适当地改变风格而适应时代发展。服装作为社会构成的一个部分，不可避免地跟随着社会轮子滚动，服装风格进行着宏观上的变化。对于生产企业来说，生产商品的首要目的是盈利。既然服装是商品，服装企业首先考虑的是如何扩大市场份额。面对激烈的市场竞争，大部分服装企业会受到从众心理的影响而盲从流行。对一些无法把握品牌风格的中小企业来说，只有流行的，市场销售的总量才是大面积的。

（三）确立品牌服装设计风格的方法

1.以品牌诉求为原则的方法

品牌诉求是品牌运作惯用的手段之一。品牌用感性的方式，向目标受众诉说其主张和理念，以求达到所期望的反应。品牌服装设计风格的确立不仅是品牌定位的需要，也是设计师个人理念实现的需要，设计理念的确立不是对理念进行简单的选择，而是要看设计师的内在素质是否与这些理念合拍，一切非自然的、强硬的理念对接都是徒劳的，虽然设计理念可以从设计师群体中分化出不同的类型，但是，设计师的个人理念是可以改变的，只有当设计师意识到原先固有的设计理念已经不符合品牌诉求时，设计理念的变革才会显得有意义，因此，确立品牌服装设计风格首先要以品牌诉求为原则。

2.以运作成本为原则的方法

运作成本是品牌运作必须面对的现实问题。从理论上看，只要主客观条件允许，在运作方式正确的前提下，任何设计风格都可以实现，但是，其中不仅会遇到运作成本大小的问题，而且也会遇到成本与收益的平衡问题。即使实现某种设计风格的成本是相同的，对于底子不同的企业来说，将意味着成本比例的不同，进而影响到企业经营效益。由于与经济效益挂了钩，企业的品牌运作变成了一种非常现实的商业行为，再有长远眼光的企业也必须兼顾眼前利益。因此，确立品牌服装设计风格必须要以运作成本为原则，在确保企业生存的前提下确立自己的产品设计风格。

3.以未来发展为原则的方法

未来发展是品牌运作对将来形势的判断和预期。由于品牌运作是一种把利益的真正着眼点放在将来的战略性经营行为，而战略上的胜利远比战术上的胜利更为重要，因此，在企业生存得到保障的前提下，品牌发展的战略意味着宁可适当牺牲一部分眼前利益，也要确保将来的长期利益。换言之，人们不能主观地断言一种当前尚未成为市场流行的设计风格将来会不会成为市场的主流。这就要求在确立品牌服装的设计风格时，应该通过比较严格的可行性论证，对国家、地方、企业乃至品牌的发展战略、生存环境、经济实力等方面有一定的前瞻性，预留一定的发展空间。

4.以市场布局为原则的方法

市场布局是品牌运作中十分重要的战术步骤。困扰服装品牌良性发展的主要因素之一是设计风格的过快更换或太过死板，这两种因素都与品牌的市场布局有关。市场布局的过快或过慢，过宽或过窄，过正或过偏，都将成为经营业绩不稳定的因素。品牌服装的市场布局分为主动布局和被动布局两种，伴随而来的是设计风格的主动调整和被动调整。主动调整一般是在盈利状态良好的情况下，为了追求更好的销售业绩和对品牌充满信心，通过挖掘品牌的设计潜力，完成设计风格的转型。被动调整是在品牌的市场表现不尽如人意之际，不得不寻求改变设计风格，转变被动局面。无论是主动调整还是被动调整，设计风格的确立都应该以市场布局的调整为原则，兼顾新的市场可能拥有的特性，使设计风格作出合乎客观情况的应变。

第四章　品牌服装市场调研与定位

一个服装品牌能否做到真正地深入人心，具有独特的功能价值和情感价值，让消费者能够真实地感受到品牌的优势所在，这需要两个方面：一是产品研发能力的提升，二是品牌建设能力的提升，如果希望把服装品牌做到像可口可乐一样经典，那么在我们做品牌设计之初就必须进行大量的市场调研，并在此基础上进行产品定位。

第一节　品牌服装的市场调研

市场调研是以科学的方法收集市场资料，并运用统计分析的方法对所收集的资料进行分析研究，发现市场机会，为企业管理者提供决策所必需的信息依据的过程。在当今时代，科学技术的不断发展，使得新产品更新越来越快，而网络技术的成熟，资讯的发达，人们能快速掌握流行趋势，使得服装企业在运作过程中困难重重，如何在市场竞争越来越大的大环境下，做好自己的品牌设计，这就需要我们做好市场调研，掌握影响市场的各方面因素，做到万无一失。

影响品牌设计的因素包括：政治、经济、社会文化、科学技术和地理气候环境等环境因素；社会购买力、市场商品需求结构、消费人口结构、消费者购买动机、购买行为等市场需求因素；产品实体、包装、品牌、服务、价格、市场占有率等产品因素；竞争对手的数量与经营实力、市场占有率、竞争策略与手段、产品、技术发展等竞争因素以及销售渠道、销售过程、促销手段方法等销售因素等。

一、品牌服装市场环境调研

（一）政治环境

通常，国家或社会的政治状况及政治制度在一定程度上会对服装的流行产生影响。社会动荡和政治变革常常会引起服装的变化。在服装品牌设计过程中，任何一个企业的服装设计师，不能孤立于大环境之外，不能只注重设计，还要与环境相融合，因此一定要了解世界的和国家的政治环境。例如，2012 年伦敦奥运会举行，世界的流行趋势受到其影响，同样中国的流行趋势也受到影响，因此，我们必须在设计过程中考虑到这一点。同时，在政治环境调查时，我们还要了解一个国家或地区的政策方针、法规与法令。如广告法、工商法、商标法、环境保护法、反不正当竞争法、保护消费者权益法及有关各种企业性质的优惠政策。

（二）经济环境

市场是由那些想购买同时又具有购买力的人构成的。而一定的购买力水平则是市场形成并影响其规模大小的决定因素，它也是影响企业营销活动的直接经济环境因素。在环境因素分析过程中要分析消费者收入的变化、消费者支出模式的变化、消费者储蓄和信贷情况的变化等因素。除了这些因素直接影响企业的市场营销活动外，还有一些经济环境因素也会对企业的营销活动产生或多或少的影响，如经济发展水平、地区与行业发展状况、城市化程度等。

（三）社会文化环境

社会文化环境是指一个国家或地区人们共同的价值观、生活方式、人口状况、文化传统、教育程度、风俗习惯、宗教信仰等各个方面。这些因素是人类在长期的生活和成长过程中逐渐形成的，人们总是自觉或不自觉地接受这些准则作为行动的指南。社会文化因素对企业有着多方面的影响，其中，最主要的是它能够极大地影响社会对产品的需求和消费。不同国家、不同地区的人民，不同的社会与文化，代表着不同的生活模式，对同一产品可能持有不同的态度，直接或间接地影响产品的设计、包装、信息的传递方法、产品被接受的程度、分销和推广措施等。社会文化因素是通过影响消费者的思想和行为来影响企业的市场营销活动。不同的消费观念，在营销策略的制定上也会有所不同。不一样的信仰和禁忌也影响着人们的消费行为。

（四）科学技术环境

我们生活在科学技术飞速发展的时代，科学技术在我们的社会生活中无处不在，从日常生活到航天研究，它们不断改变着我们的生活方式和生活品质。科学技术对服装的影响主要表现在以下几个方面。

1.面料的不断创新

随着现代科学技术的快速发展和全球经济一体化带来的消费者消费意识的变化，消费者对服装材料的质地、色彩和风格要求也发生了很大的变化，人们不再满足于吃饱穿暖，而是追求更加舒适的生活，对服饰提出了更高的要求，从而促进了新型高性能纤维的发展。新型纤维的研发使面料获得了吸湿透气、保暖保健等多方面的功能，以自然的外观、舒适的手感等使织物性能更加人性化，受到广大消费者的青睐（图 4-1）。

在品牌设计的过程中，伴随着各种竞争的加剧，新型面料的应用也成为竞争的主要方面，服装的创新更注重面料的高科技含量，而面料发展的主导趋势是研究和应用新型纤维。目前已经存在和开始应用的有玉米纤维、牛奶纤维、大豆蛋白纤维、麻、粘胶纤维等,这些纤维已经成为纺织面料企业创新的亮点,市场潜力巨大,前景广阔。

图 4-1　纤维和纺织面料

2.服装设计和制作的数字化

在服装企业里,应用较多、较广泛的就是服装 CAD,全名是服装计算机辅助设计,是服装 Computer Aided Design 的缩写。它是利用计算机图形技术,在计算机软硬件系统的基础上开发出来实用系统,让设计师在计算机屏幕上就可以设计服装款式和衣片。服装 CAD 是从 20 世纪 70 年代才起步发展的,但随着计算机技术以及网络技术的迅猛发展,服装 CAD 技术发展也很快,其在产业中的运用日益广泛。计算机中可存储大量的款式和花样供设计师选择和修改,设计过程可大为简化。由于可参照的资料多了,设计师的想象力和创造力也就丰富了。服装 CAD 系统将服装设计师的设计思想、经验和创造力与计算机系统的强大功能密切结合,必将成为现代服装设计的主要方式,服装技术有力地支持了服装艺术。有了服装 CAD 系统后,设计师可在计算机屏幕上与顾客共同讨论款式花样,按照客户要求随时进行修改,并有可能在计算机屏幕上实现试穿效果。这样设计出的服装必定受欢迎。

3.生产管理和协作的信息化

服装企业通过生产信息化,可以使企业降低生产成本,提高产品质量,缩短交货期,方便统计工人工资,等等。另外,生产信息化也是企业进行其他信息化系统实施的一大基础，它可以与客户关系管理系统、门店系统等进行一个衔接，形成一个庞大的整体系统。服装企业通过信息化，还可以建立起企业的快速信息反馈体系，大大提高企业对市场的反应速度，降低企业运作风险和成本，为企业决策者提供了完整准确的生产管理数据，并且各业务环节也可以有机地结合起来，业务统计分析完全实现自动化。在信息系统的帮助下，企业管理人员可以及时掌握生产流程各环节的制造信息、库存信息，减少主、辅料库存积压和浪费，降低安全库存指数，实现对订单的及时跟踪，订单需求也可及时地反馈到各个环节。企业对订单的跟踪也由被动变为主动，完全可以根据产能估计订单的接收范围，可以细化跟踪订单的执行情况，确立订单的准确交货日期。

二、品牌服装市场需求因素

（一）社会购买力

社会购买力是指一定时期内，社会各方面用于购买产品的货币支付能力。市场构成三要素包括人口、购买力和购买欲望。没有社会购买力就没有市场需求，也谈不上服装市场需求。社会购买力是指在一定时期内用于购买商品的货币总额。它反映该时期全社会市场容量的大小。社会购买力随着社会生产的增长而不断提高，而国民收入中积累与消费比例关系的变化也对购买力产生直接的影响。

消费者收入指的是消费者从各种来源所得到的货币收入。消费者收入增加，消费水平就会相应提高。有资料表明中国社会购买力70%以上掌握在女性手中。据预测，2015年，中国女性的消费购买力预计将为5250亿美元。近期从由环球网和环球舆情调查中心对“中国女性社会地位如何”的一份调查中得出，61.6%受访者认为地位很高或比较高，27.3%的受访者认为地位一般，其余表示说不清；调查还显示，83.2%的受访者认为最近十年中国女性的社会地位有明显提高。特别指出，中国女性作为消费主力军，90.8%的受访者给予了充分肯定。

（二）消费人口结构

服装品牌设计的对象是人，因此品牌设计要想取得成功，在竞争惨烈的市场中找到生存空间，对消费人口结构的研究是必不可少的，特别是在中国这样一个人口众多、地理疆域广袤、地域文化差异较大的市场，把握人口结构细分是取得竞争制胜，获得差异化营销战略胜利的一把金钥匙。人口结构主要包括人口的年龄结构、性别结构、家庭结构、社会结构以及民族结构。

1.年龄结构

不同年龄的消费者对商品的需求不一样。我国人口年龄结构的显著特点是：现阶段，青少年比重约占总人口的一半，它反映到市场上，在今后20年内，婴幼儿和少年儿童用品及结婚用品的需求将明显增长。目前我国人口老化现象还不是十分严重，但到22世纪初，同世界整体趋势相仿，我国将出现人口老龄化现象，而且人口老龄化速度将大大高于西方发达国家。它反映到市场上，将使老年人的需求呈现高峰。这样，诸如保健用品、营养品、老年人生活必需品等市场将会兴旺。

2.性别结构

人口的性别不同，其市场需求也有明显的差异，反映到市场上就会出现男性用品市场和女性用品市场。在我国市场上，妇女通常购买自己的用品、杂货、衣服，男子购买大件物品等。

男性消费者和女性消费者在购物方面表现出不同的购买特征。男性消费者购买特征：一是动机形成迅速果断，具有较强的自信性；二是动机具有被动性；三是动机感情色彩比较淡薄。而女性消费者则不同，表现为：一是动机具有较强的主动性、灵活性;二是动机具有强烈的感情色彩;三是动机易受外界因素的影响,波动性较大。

3.家庭结构

家庭是购买、消费的基本单位。家庭结构主要研究家庭成员构成或家庭规模、家庭收入情况。家庭的数量直接影响到某些商品的数量。目前,世界上普遍呈现家庭规模缩小的趋势,越是经济发达地区,家庭规模就越小。欧美国家的家庭规模基本上户均3人左右,亚非拉等发展中国家户均5人左右。在我国,“四代同堂”现象已不多见,“三位一体”的小家庭则很普遍,并逐步由城市向乡镇发展。随着我国市场经济发展与经济生活水平的不断提高,人们休闲时间的增加,消费层次提高,服装消费观念正在发生变化,在服装品牌设计过程中,应不断融入更多的文化元素与新型的家庭价值观。同时,家庭处于不同的生命周期时其消费需求的重点也是不同的。一般将家庭生命周期分为单身期、初婚期、满巢期、空巢期、独居期。处于不同的家庭生命周期的不同阶段,家庭的收入水平是不同的,家庭的人口负担也不相同,所以,在服装品牌设计过程中,在对消费者市场进行细分时,一定要调研目标市场所处的家庭生命周期阶段消费特点,这样才能增加市场的占有率,确保品牌设计的成功。

4.民族结构

我国除了汉族以外,还有50多个少数民族。民族不同,其生活习性、文化传统也不相同,反映到市场上,就是各民族的服装市场需求存在着很大的差异。因此,企业营销者要注意民族市场的营销,重视开发适合各民族特性、受其欢迎的商品。

(三)消费者购买动机

所谓购买动机,就是指人们为了满足一定的需要所引起的购买某种商品或劳务的愿望或意念。消费者在购买服装的时候,可能会有各种各样的购买动机，这些动机可以概括为两大类：生理性购买动机和心理性购买动机。生理性购买动机包含消费者纯粹为了满足其生存需要而激发的生存性购买动机，是消费者基于其对享受资料的需求而产生的享受性购买动机和发展需要而引发的发展性购买动机，包括体力和智力的发展。心理性购买动机包括消费者在对商品客观、全面认识的基础上，对所获得的商品信息经过分析和深思熟虑后产生的理智购买动机、消费者在购买活动中由于情感变化而引发的情感购买动机和建立在以往购买经验基础上的，兼有理智和情感动机特征，对特定企业和品牌形成特殊信任的惠顾购买动机。

由于消费者成长环境的不同，所以消费者的兴趣、爱好、性格、经济条件各不相同，在购买服装时的购买动机往往是非常具体的，包括求实购买动机、求新购买动机、求美购买动机、求名购买动机、模仿购买动机、好癖购买动机、求速购买动机等。

（四）购买行为

消费者购买行为是指消费者为满足其个人或家庭生活而发生的购买商品的决策过程。消费者购买行为是复杂的，其购买行为的产生是受到其内在因素和外在因素的相互促进、交互影响的。通过对消费者购买的研究，来掌握其购买行为的规律，从而有效地进行服装品牌设计，实现企业营销目标。掌握消费者的购买行为可以采用“5W1H”的方法（表 4-1）。

表 4-1　“5W1H”内容

5W1H	消费者	服装品牌设计
What	购买服装的款式、风格、颜色	根据需求设计服装
Why	购买服装的原因	设计产品的包装
When	购买的季节	根据购买时间，制订生产计划
Where	何处购买	根据消费者购买的地点，设计销售渠道

续表

5W1H	消费者	服装品牌设计
Who	购买的决策者	根据购买的决策者制订促销方案、广告媒体的选择
How	如何购买	根据消费者需求,决定配货方式、促销方式

消费者的购买行为有多种类型,可从不同角度划分。

(1)根据购买过程中消费者的参与程度以及各品牌的差异程度划分。

①复杂的购买行为。在复杂的购买行为中,消费者的参与程度较高,并且对各品牌中间的差异非常了解,他们会产生复杂的购买行为。通常,当消费者购买贵重物品、风险较大的商品、所购商品占家庭收入比重较大的情况下,消费者会产生复杂的购买行为。

②减少失调感的购买行为。这种购买行为是指消费者所购买产品的不同品牌之间并没有多大差别,但是由于所购买的产品具有较大的购买风险或者产品价格较高,同样需要消费者付出大量精力。这样会使消费者购买商品之后,产生一种购后不协调的感觉,于是消费者通过各种方法对自己的选择作出有利的评价,以减少购买后的不协调感。

③习惯性的购买行为。这是指消费者在购买过程中并未深入收集信息和评估品牌,同时品牌之间的差异也不大,是消费者一般采取的购买行为,在购买后可能评价也可能不评价产品。这种购买行为通常是产品价格较低的日常生活用品,比如服装中的袜子、内衣等。

④寻求多样化的购买行为。这种购买行为是指消费者在购买过程中参与程度很低,但品牌之间差异很大的情况,这样消费者就会不断变化品牌的选择。这种购买行为中消费者不断变化品牌选择,并不是因为对品牌不满,而是消费者在同类产品中有很多品牌可供选择,所以消费者在求异的消费心理下会不断变化品牌。

(2)根据消费者的购买目标划分的购买类型。

①全确定型。全确定型是指消费者在购买商品以前,就已经对所购买服装具有明确的目的性,包括所选购服装的品牌、型号、颜色、面料等都有明确的要求。

②半确定型。指消费者在购买服装以前,对所选购的服装已有大致的购买目标,可能有几个可供选择的品牌、颜色、面料、款式,但具体要求还不够明确,最后购买需是经过选择比较才完成的。

③不确定型。指消费者在购买服装以前,对所要选购的产品没有明确的或既定的购买目标。这类消费者进入商店主要是参观游览、休闲,漫无目标地观看商品或随便了解一些商品的销售情况,看到感兴趣或合适的商品偶尔购买,有时则观后离开。

(3)根据消费者性格分析划分。

从一般的意义来分析,不同的人有不同的性格,不同的性格就有不同的消费习惯。

①习惯型的购买行为是由信任动机产生的。消费者对某种品牌或对某个企业产生良好的信任感,忠于某一种或某几种品牌,有固定的消费习惯和偏好,购买时心中有数,目标明确。

②理智型购买行为是理智型消费者发生的购买行为。他们在作出购买决策之前一般经过仔细比较和考虑,胸有成竹,不容易被打动,不轻率作出决定,决定之后也不轻易反悔。

③经济型购买行为特别重视价格,一心寻求经济合算的商品,并由此得到心理上的满足。针对这种购买行为,在促销中要使之相信,他所选中的商品是最物美价廉、最合算的,要称赞他很内行,是很善于选购的顾客。

④冲动型购买行为往往是由情绪引发的。此类消费者以年轻人居多,由于其血气方刚,容易受产品外观、广告宣传或相关人员的影响,决定轻率,易于动摇和反悔。这是在促销过程中可以大力争取的对象。

⑤想象型购买行为的消费者往往有一定的艺术细胞,善于联想。针对这种行为,可以在包装设计上、在产品的造型上下功夫,

让消费者产生美好的联想，或在促销活动中注入一些内涵。比如说耐克和乔丹，乔丹穿着耐克鞋驰骋在NBA球场上，使崇拜乔丹的球迷感觉仿佛穿上了耐克，就离乔丹近了一步。

⑥不定型购买行为的消费者常常是那些没有明确购买目的的消费者，表现形式常常是三五成群，步履蹒跚，哪儿有卖东西的往哪儿看，问的多，看的多，选的多，买的少。他们往往是一些年轻的、新近开始独立购物的消费者，易于接受新的东西，消费习惯和消费心理正在形成之中，尚不稳定，缺乏主见，没有固定的偏好。

三、品牌服装产品因素

由于市场的快速发展，在市场上存在的服装设计产品很多，服装品牌设计定位不准，就意味着消费者群体的流失。为了保证品牌设计的成功，就要充分调研市场上现存服装设计产品的定位、风格、价格、品牌及市场占有率。

（一）产品定位

服装品牌设计首先要确定面对的人群，也就是要选择目标市场。品牌设计要想取得成功，必须满足消费者的需求，但是消费者的需求又是千差万别的，一个企业不能满足所有消费者的所有需求，而只能满足市场中一部分消费者的需求。同时，并不是所有的细分市场都对本企业具有吸引力，企业可以根据本企业自身的条件和优势，选取自己在市场上相对占优势的目标市场。与此同时，消费者在众多的品牌面前眼花缭乱，难以抉择，因此企业要为企业的产品明确定位，引导消费者，使企业的产品吸引消费者，在众多品牌中脱颖而出，企业必须制造差异，树立与众不同的产品形象，为产品赋予特色，以独到之处取胜。

产品市场定位步骤：

(1)选择竞争优势。企业可以在产品、价格、促销和服务等方面与竞争者进行比较，找出自身的长处和短处，以明确企业的竞争优势；还通过分析竞争对手的产品特色，确定自身在品牌服装设计过程中，可以提供的产品、服务、个性化差异及消费者对产品各属性的重视，突出本设计优势，进行恰当的市场定位。

(2)初步确定定位方案。通过前期的市场调研，了解现存的品牌及其相对应的目标市场，结合本企业特点，进行定位。

(3)调整定位方案。经过初步定位后，进行产品设计，投放市场，不断进行市场跟踪调研，发现问题马上对定位进行调整。

(4)再定位。完成一次产品定位，并不能说明定位就真正完成了，产品上市后，企业可能面临环境变化，需要对产品进行再定位，比如目标消费者偏好转移或者需求萎缩，不能满足企业的生产需求；企业的资源优势发生变化；竞争者的实力发生变化等。在这些情况下，都需要企业重新对市场进行调研分析，重新定位。

(二)产品内容

1.品牌的理念风格

品牌的理念与风格定位是品牌服装设计工作的核心工作，品牌理念风格的确立与保持稳定，是形成顾客对品牌忠诚度的前提和保证，也是形成品牌高附加值的基础。在市场调研过程中，要掌握目标顾客群的着装风格，与本品牌的理念、风格找到契合点。理念的设定决定了面料、款式、色彩设定的原则。同时，也决定了商品最终以怎样的形式在零售商店直接面对消费者。以品牌理念作为切入口已经成为服装企业与同行业其他竞争对手品牌差异化的一个有效途径。传达和交流服装理念、风格，最常用的方式是语言文字，如现代的、民族的、洗练的、乡村的、优雅的、活泼的、男性的、浪漫的等(图 4-2)。

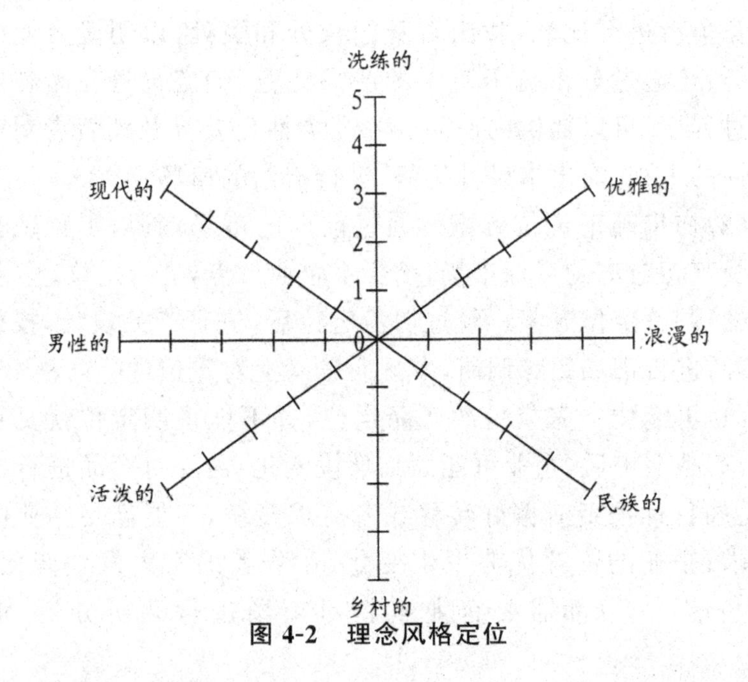

图 4-2　理念风格定位

2.廓形和细部结构

造型、色彩、材质都是服装设计的三大要素，协调处理好服装廓形与款式设计的关系是完成服装造型设计的一个重要任务。服装作为直观的形象，如剪影般的外部轮廓特征会抢先快速、强烈地进入视线，给人留下深刻的总体印象(图 4-3)。服装内部款式中的局部细节之间也应相互关联，主次分明。服装内部的局部造型不是独立存在的，局部与局部之间也是相互关联的。没有特点的局部会使整体风格缺乏内容，但如果每个局部都有各自不同的风格特点，又会使整个服装视点繁多，使人眼花缭乱，进而使整个服装杂乱而无特色(图 4-4)。

3.材料

服装是对布料进行的雕塑，材料是服装设计三大要素之一。服装市场的成熟与高感度趋向，使材料在塑造服装风格形象与产品差别化方面的作用日益突出。另一方面，随着服装市场竞争的激烈程度加剧，以色彩、款式为卖点的服装极易被仿制，使得材料逐渐成为开发服装新品的核心要素。另一方面，随着现代科学技术的快速发展和全球经济一体化带来的消费者消费意识的变化，消费者对服装材料的质地、色彩和风格要求也发生了很大的变化，人们不再满足于吃饱穿暖，而是追求更加舒适的生活，对面料

图 4-3　廓型结构

图 4-4　细部结构

也提出了更高的要求。在产品的调研过程中,一定要深入市场中,了解竞争品牌,了解消费者,掌握第一手资料,为产品设计提供最前沿的资料,才能取得品牌服装设计的成功。

(三)产品价格

服装品牌设计能否最终取得成功,需要到市场上去检验,去了解消费者究竟是否认可我们设计的产品。价格制定得合理与否直接影响品牌设计的成功。价格体系是决定销售政策的关键,是整个营销战略的灵魂所在,价格没有高低,只要能够让购买者觉得物有所值。影响服装定价的因素很多,一般可概括为成本、品牌、档次、流行周期、竞争、需求价格弹性、季节等几方面。服装作为人们生活的必需消费品,也是一种商品,因此服装的定价仍然要遵循价值规律,即服装商品的价格要以服装商品的价值为基础,并围绕服装商品供求关系上下波动。形成服装商品价值的主要因素有服装成本、服装品牌、服装档次、服装流行周期等。影响服装供求关系的主要因素有服装企业的竞争程度、服装需求价格弹性和服装的季节变化。服装成本是决定服装价格的主要因素,也是决定服装价格下限的基础因素。从服装生产企业角度看,服装全部经营成本由变动成本和固定成本组成。变动成本是指随服装产销量的变动而成正比例。变动的成本,包括面、辅料成本,一线工人的工资成本,生产线上的水、电动力成本,所得税等。变动成本的刚性较强,即不同品牌、不同档次服装虽然在基础生产条件和基本技术条件不完全相同的企业生产,但变动成本率(单位服装的变动成本/单位服装售价)却相差较小,一般难以有大的改变。因此,变动成本对不同服装售价的相对差异影响较小。固定成本是指在一定的产销量范围内基本不变的成本,主要包括厂房和加工设备的折旧费、服装设计费、管理人员和技术人员的间接人工成本、办公费、社会保险费、财产保险费、广告费、租金以及不合理的摊派费等。固定成本与服装生产商的技术条件、生产条件、管理水平和品牌知名度密切相连,对服装企业管理者而言,固定成本的弹性较大。在不同经营指导思想下的服装生产企业因其各项经营的投入比例不同，因而导致固定成本总额及结构相差较大。

四、品牌服装竞争对手因素

（一）竞争的层次

一个服装企业的竞争对手通常包括以下四个层次。

（1）品牌竞争，指把同一行业中以相似的价格向相同的顾客提供相同产品的企业视为品牌竞争者。

（2）行业竞争，指生产或销售同样产品或同类产品的企业间的竞争。在这个层面上，某男西服企业把所有的服装（包括西服、夹克、衬衫、针织衫等）企业看作它的竞争对手。

（3）形式竞争，指为满足相同需求而提供不同产品的企业间的竞争。例如，消费者购买名牌西服，是为了满足其对自身社会地位追求的需要，那么，购买名牌的箱包、手表、化妆品等也是如此。因此，在这个层面上，该服装企业的竞争对手不仅是西服企业，还应包括箱包、手表、化妆品等产品的生产企业。

（4）一般竞争，指为争取同一笔资金而提供不同产品的企业间的竞争。在这个层面上，竞争对手指所有竞争相同目标顾客的一切企业。对服装企业来说，它将与所有销售和提供日用消费品、住宅开发、房屋装修等公司竞争，为争取消费者手中的同一笔资金。

上述这四个层次构成的整体完整地定义了一家服装企业的竞争对手。通常情况下，服装企业的主要竞争对手是以品牌竞争者为主，所以我们在进行品牌服装设计过程中，要综合考虑各竞争层面，重点考察与自己品牌实力相当的品牌竞争，进行全面市场调研。

（二）SWOT 分析方法

SWOT 分析方法是一种企业战略分析方法，即根据企业自身的内在条件进行分析，找出企业的优势、劣势及核心竞争力之所在。其中，S代表strength(优势)，W代表weakness(弱势)，O代表opportunity(机会)，T代表threat(威胁)，其中，S、W是内部因素，O、T是外部因素。按照企业竞争战略的完整概念，战略应是一个企业组织的强项与弱项和环境的机会与威胁之间的有机组合(表4-2)。

表4-2　战略组合

内部因素 外部因素	优势 S	劣势 W
机遇 O	SO战略	WO战略
威胁 T	ST战略	WT战略

SO战略：利用企业内部的长处去抓住外部机会。

WO战略：利用外部机会来改进企业内部弱点。

ST战略：利用企业长处去避免或减轻外来的威胁。

WT战略：直接克服内部弱点和避免外来的威胁。

企业的内部优势通常是指一个企业超越竞争对手的能力，这种能力有助于实现企业的主要目标——盈利，具体包括人员素质高、服务质量和态度好、产品创新、营销资金充足、鼓励创新文化、有参与国际贸易的条件等。

企业的内部劣势是指影响经营效率和效果的不利因素和特征，使企业在竞争中处于劣势，可能包括市场营销因素：公司信誉、市场份额、产品质量、4P(指产品、价格、渠道、促销)、地理分布；财务因素：资金的成本与充裕程度、现金流量、财务稳定性；生产因素：设备、经济规模、生产量、劳动力、生产能力、生产技能以及组织因素等。

五、品牌服装市场销售因素

（一）销售渠道

服装销售渠道是指产品从服装生产者向消费者转移所经过的通道或途径，它是由一系列相互依赖的组织机构组成的商业机构。即服装产品由生产者到消费者的流通过程中所经历的各个环节连接起来形成的通道。销售渠道的起点是服装生产商，终点是服装消费者，中间环节包括各种批发商、零售商、商业服务机构。

服装销售渠道的长短是指服装生产商在分销服装产品时，经过的中间层次或环节的多少。中间层次或环节越多，渠道就越长。根据中间环节的多少可以分为直接渠道和间接渠道。直接渠道是服装生产商自己设立销售机构销售产品，形式包括定制、直营连锁、网络销售、电话销售等。间接销售是指利用中间商来销售服装产品。

服装企业在服装贸易实务中，通常会面临以下三种选择：

第一类是服装生产厂商自己设立销售机构，进行直接销售。这类服装企业通常具有较强的能力，他们通过自设销售机构在获得丰厚的商业利润的同时，能够很好地建立自己的品牌。

第二类是服装生产商选择中间商来经营自己的产品。这种方式的缺点是：生产厂商必须将一部分利润让给中间商，并且企业的竞争能力要受到中间商的控制和影响，其经营的业绩也容易受到中间商的控制和影响；优点是：覆盖面广，生产商可以选择有实力的中间商并将其优势转换成自己的优势，可以减轻自己开发新市场的资金压力。

第三类是生产商只为中间商提供加工服务。这类企业只是一种生产加工型的企业，盈利能力小，容易受中间商的控制。

（二）促销方式

服装品牌设计是否成功，市场是检验的主要手段；设计产品销售好坏是评判品牌设计成功与否的主要途径。促销是提升产品销售业绩最好的手段。促销的目的是向消费者传递设计产品的信息,以加深消费者对品牌和设计产品的了解,最终促进销售量的增长。服装促销是指服装生产、销售企业通过媒介向消费者传递关于服装产品的各种信息,包括设计理念、风格定位、价格水平等,帮助消费者认识产品能带来的利益,引起消费者的兴趣,激发消费者的购买欲望,最终产生购买行为的一系列活动。

服装市场中促销方式包括广告、销售促进、人员推销和公共关系四种类型,将这四种促销进行组合搭配使用,达到促进销售的目的称为企业的促销组合。在促销实践中,企业通常不是单一地运用某一种促销方式,往往是根据促销目的的需要,将几种促销方式有机组合,同时应用。这种做法可以做到相辅相成、相互补充,起到事半功倍的作用。

六、品牌服装市场调研报告

市场调研过程中或者市场调研结束后,要对市场调研得到的资料进行审核和整理,使处于零散和不系统状态下的资料系统化和条理化,从而能以简明的方式反映研究对象的总体特征和规律,进而得出结论。所以市场调研报告就是经过在实践中对某一产品客观实际情况的调查了解,将调查了解到的全部情况和材料进行分析研究,揭示出本质,寻找出规律,总结出经验,最后以书面形式陈述出来。

第二节　服装品牌的产品定位

一、服装品牌定位概述

品牌在发展过程中,已经形成一种文化现象。品牌本身所代表的形象、体现的风格、引起的联想，以及其最终的象征意义，都向消费者传达着品牌理念的内涵。任何一个服装品牌所具有的文化理念都是在准确的调研、分析、研究后，根据自己企业的特点，找到能够发挥优势的市场，推广自己的产品。

品牌本身只是一个名称、名词或者是符号，目的是使消费者便于识别。在服装市场中，品牌的价值是让消费者通过产品能够明确、清晰地辨别品牌产品的个性特征，同时让消费者发现能够心动的利益点，成为消费者认同其品牌并采取购买举动的关键。这是品牌通过一系列市场活动而表现出来的结果，从而形成的一种产品形象特征，使消费者便于认知、感觉，这也是一种我们看不见的无形资产。对于企业来说，品牌是企业最低成本的使用资源，能够最大限度地获取利润，是实现企业发展目标所拥有的核心资源。一个成功的服装品牌，要让它的消费者在消费的过程中能直接或间接地感受到该品牌与众不同的品牌文化，使服装品牌的意识深入消费者的心里。因此，服装企业必须把塑造服装品牌作为企业的首要任务。

市场定位是品牌成功的关键，因此品牌的定位前提是必须熟悉品牌市场。这就需要大量了解典型品牌的运作规律、经营特点、品牌风格、产品特色、销售状况甚至是容易出现的问题。对当今品牌市场越熟悉，越有实际运作经验，品牌定位的准确率才会越高。只有对市场的状况非常熟悉、并有深厚运作经验的人才可以直接进行市场运作（只有少数人才有这种操控能力），绝大多数的品牌运作是通过市场调研达到目的的。

市场上的所有产品都存在产品定位的问题，这是商品市场的必然性。

（一）品牌定位的概念

品牌定位是市场发展到一定阶段的必然产物。无论多强大的企业，都是以产品的形式出现在市场上，所生产的产品不可能为市场上的所有顾客提供所有的服务，企业必须依据自身的优势和具体情况选择符合自己企业优势的市场，企业才能良性的发展，如果盲目选择，就会处于被动境地。因此，品牌定位是市场定位的核心，可以使企业明确最有价值的目标市场。

品牌定位是指企业对所生产的产品性能、消费群体、营销策略以及品牌形象等内容有明确的定位和规划，使自己的商品能够不断占据更大的市场，并且在市场上占据更长的时间。成功的市场定位是将某个特定品牌放到一个适当的市场位置，使商品在消费者的心中占领一个特殊且合理的位置，当某种需要突然产生时，就会自然想到这个品牌的商品。

（二）品牌定位的重要性

品牌定位是企业顺利发展和所生产的产品成功销售的必要前提。正确的品牌定位可以成为企业和消费者群体联系的纽带，顺利地将产品转化为品牌。因此，良好的品牌定位是品牌经营成功的前提。但是如果不能正确地对品牌进行定位，就必然会在产品竞争激烈的市场中处于劣势，遭到无情的淘汰。

1.有利于把握品牌发展方向

品牌定位直接关系到品牌的命运，帮助企业找到更精确的市场定位。如果企业没有明确品牌定位的重要性，势必会造成在市场中的被动局面，而且极有可能会延误商机，导致投资失败。通常品牌定位确定风格后可以在品牌实际运作过程中，根据市场需求关系和流行状况做点变化，但是，这种变化必须要有一个有限的范围，品牌服装的风格不能出现左右摇摆不定的现象，这会导致消费群体的流失，是运作品牌服装的大忌。因此，一旦确定了品牌的风格，就要在一定的时间内保持相对稳定，如果在运作过程中产生了问题，只能做出局部调整或细节完善，不能随意地进行根本性的变化。例如，香奈儿服装一直都是明星衣橱里的必备时尚单品。其服装定位明确，风格清晰明了，不但经典，重要的是永远流行(图 4-5)。

图 4-5　香奈儿时尚单品

2.有利于产品的开发和改进

做品牌，关键得懂得生活。懂得生活，才能了解消费者的心理。品牌在进行定位时，一定要将自己定位建立在满足消费者需求的立场上，并借助产品使品牌在消费者的心里留下一个有利的位置。这是因为尽管消费者是众多的，消费类型也多样化，但品牌定位要针对消费者的消费习惯和喜好而寻找目标消费者。

3.使品牌传播更科学、高效

品牌要想发展得好，只有好的定位是不够的。服装企业要在好的品牌定位的前提下，借助服装产品进行合理的推广。在定位前提下的广告是企业与消费者沟通的纽带与主题，是品牌个性的重要体现。因此，品牌的传播与推广必须得到消费群体的认可。对消费者的洞察的准确分析为品牌定位提供准确、科学的保障，通过合理的营销手段塑造良好的品牌形象，使品牌形象被消费群体深刻接受。

（三）品牌定位的原则

品牌定位是围绕商业市场的一种商业行为，要按照市场经营的行业规则去具体运作。一个品牌要想能够在激烈的市场竞争中找到合适的立足之地，就必须根据本企业的资金状况、人才储备和技术经验等综合情况进行合理、科学的分析。因此，企业在做品牌定位的时候，要侧重于自己的优势，定位要分清主次，突出优势条件。

无论企业的自身条件如何，在进行具体定位的时候，企业都要遵循一定的原则。

1.以市场为主导

市场是品牌赖以生存的不可缺少的环境，市场虽然瞬息万变，但是，品牌定位仍然要以市场的主流作为品牌定位的主导方向。寻找合理的目标品牌市场，在市场潮流中寻找和发现流行与时尚，才能定位出畅销服装品牌产品。

以市场为主导的定位原则的优点：这样做既可以借鉴榜样品牌成功的例子，也可以规避市场风险，降低产品的库存积压。

以市场为主导定位原则的缺点：存在一定的风险。产品为了迎合市场的主流风格，容易与其他品牌的产品出现部分的雷同。导致产品的个性不是很明显，缺乏特色，缺少个性，对消费者视线的吸引力会相对降低，消费者在市场上对这种产品进行选购的时候，选择的余地较大，因此，此原则不适合高端的品牌定位，比较适合中低档服装品牌的定位。

2.与流行主流对立

这种定位原则是采取与市场的主流流行风格相反，以个性、另类的品牌形象出现在消费者的面前。

与流行主流对立的定位原则优点：产品个性突出，风格别致，与大众品牌的风格差异明显，品牌风格明显。这种定位原则比较适合走中高档路线的、以质量和特性取胜的服装品牌的定位。

与流行主流对立的定位原则的缺点：这种定位的产品，消费者的需求不是很多，因此销量不多，目标消费群相对较少。这种个性化的产品在市场的控制上难度较大。

3.对准市场空位

现今的服装市场，虽然产品风格各异，但是仍然能都找到风格上的相对空缺，针对市场的空缺做相应的产品定位。

对市场空位进行定位原则的优点：稀有风格的产品在市场上竞争对手相对较少，具有潜在消费市场。

对市场空位进行定位原则的缺点：在具体的产品推广过程中，由于消费者相对较少，在推广上有一定的难度，存在一定的风险性。

4.遵循全面立体

品牌的最终定位应该是全面的、立体的。这是指将品牌定位的各个因素都考虑到里面，使品牌定位的不同因素能够围绕品牌做合理的构成。对品牌定位有一个全方位概念，便于对品牌的各个环节做整体思考，才能在具体的工作中进行多方协调。如果片面地进行品牌定位，很可能会导致品牌定位的失误，导致产品的失败，造成一定的经济损失。

二、服装品牌定位的内容

成功的品牌都有好的、比较合适的品牌定位，在品牌定位的引导下，寻找更好的市场占有额度。其实品牌定位是针对潜在顾客的心理而采取的行动，在潜在顾客的心目中确定一个适当的位置是品牌定位的一项重要内容。因此，品牌定位在于消费者心底，目的是在消费者的大脑中占据一个形象而又具体的位置，寻找品牌生存的实践和空间。品牌位置确定后，尽量使消费者在有某一特定需求时，首先会考虑到定位的品牌。

（一）消费群体定位

消费群体是指具有某种共同特征的若干消费者组成的团体。这些消费者在购买行为、消费心理及生活习惯等方面有许多共同之处。

随着社会的进步和人们理念的不断变化，导致消费品的不断多元化，将消费群体进行具体详细的划分，是为了更好地明确品牌的发展方向。

在对消费群体进行分析的时候，要从不同的角度进行。通常在对消费者进行细分的时候可以从以下几个方面着手。

(1)根据地理因素划分。从不同的国家、地区、城市或者是乡村划分。这种划分简便，界限明确，信息沟通方便，资料来源集中。

(2)根据社会经济因素划分。主要从性别、年龄、受教育程度、职业特点、收入、民族和宗教等着手。不同的因素决定着这些消费者的不同消费取向。

(3)根据消费心理划分。主要包括生活方式、性格、心理倾向等方面。

从不同的消费者的分析中能够看出，他们在消费方面的兴趣、能力和行为肯定会存在一定的差异。

（二）产品风格定位

1.产品风格定位

产品风格是品牌产品所必须具有的特征。这种风格是通过具体产品表现出来的，在产品风格中能够看出设计的理念与流行的因素。这些都是通过人的感觉器官对产品作出的综合评价，是物理、生理和心理因素共同作用的结果。

随着社会的进步，产品的风格在相对不变的前提下，会不断发生风格的、内涵的、延伸的变化，以适应流行的变迁。

2.产品风格定位的分类

不同的消费群体，决定了不同产品的风格，消费群体划分得越精细，产品的风格就越丰富。可是无论如何划分，产品的风格基本上可以分成两大类：即主流风格与非主流风格。

主流风格，是指适合大多数消费者的心理需求、占市场消费多数份额的产品。这类产品的特点相对来说流行程度比较高，是时下大众相对比较认可的产品风格，时尚程度略低。

非主流风格，是指适合少数追求极端流行的消费者，此类产品的数量相对较少，虽然流行度较低，但是时尚程度比较高，容易引导流行的潮流。

虽然在分类上风格分成两大类，但是为了更加符合消费者的需求，往往对风格进行通俗易懂的命名，虽然这些命名的称呼不完全相同，但是易于使消费者理解，容易达成共识，便于沟通。比如都市风格、乡村风格、朋克风格、嬉皮风格、军旅风格、中性风格、淑女风格、经典风格、浪漫风格、前卫风格、年轻风格、运动风格、民族风格、简约风格、自然风格等。

虽然风格的名称有很多，但是对于一个品牌来说，通常只有一种风格。这样可以牢牢锁定消费群体。但也有将几个不同风格融入一个品牌的定位，但是容易导致消费者在认知上产生一定的困难。如果要将两种或两种以上的风格融入一个品牌，一定要在风格上分清主次，在定位上要作出明确的规定，防止风格杂乱无章。

3.风格定位的原则

消费者的认同是产品获得成功的关键。风格定位必须要从消费者的心理和购买动机着手，在进行产品定位的时候必须要遵循以下原则。

(1)产品定位必须简洁明了，抓住产品要点与特点，要从定位中尽量体现出自身产品与其他产品的不同之处。

(2)产品定位应能引起消费者的共识。定位要有针对性,一定要从目标消费者关心的问题和他们的审美角度出发。

(3)产品定位必须能让消费者感受到产品的风格特点,而不是产品质量评定的标准。

图 4-6　CK 服装

三、服装品牌定位的表达

服装品牌的定位是企业设计团队和相关人员综合思维的结果,而思维是看不见的。为了让更多的消费者能够看到和理解具体的品牌定位,需要借助某种视觉方式将这个思维结果清晰地表达出来,这个过程就是品牌定位的表达。

品牌的定位表达主要是从以下几方面表现出来的。

(一)品牌定位的文字表达

文字表达是品牌定位所必须具有的组成部分。

1.主题

品牌故事是品牌的永恒主题。它引导品牌持续发展的方向。每个品牌都有自己的主题。品牌的主题是指用简短、贴切的文字，将自己的产品用一个合乎逻辑、具有诱惑力的故事，形象化地阐述出来。同时这个主题也是品牌形象推广和品牌运作的执行标准。

范思哲设计风格非常鲜明，是独特的、美感极强的艺术先锋，强调快乐与性感，领口常开到腰部以下，设计师撷取了古典贵族风格的豪华、奢丽，又能充分考虑穿着舒适及恰当地显示体型。范思哲善于采用高贵豪华的面料，借助斜裁方式，在生硬的几何线条与柔和的身体曲线间巧妙过渡，范思哲的套装、裙子、大衣等都以线条为标志，性感地表达女性的身体（图 4-7）。范思哲品牌主要服务对象是皇室贵族和明星。

图 4-7　范思哲品牌服装

2.形式

在做品牌表达的时候,文字虽然简练,但却不够形象生动,而不同的人对文字的理解形式也不尽相同,为了达到群体共识,则需要在文字的基础上添加一定的数据、形象的图片和精确的表格等,辅助文字的表述,使品牌定位条理清晰,使结论与建议均合理可行,能为以后品牌的进一步发展打好基础。

(二)品牌定位的图形表达

1.印刷的图片

为了使定位更形象,更易于理解,我们可以从杂志以及印刷品中寻找合适的图片,作为文字的辅助说明。品牌服装都是以实物的形式出现,为了更突出定位服装的基本形式,可以选择与定位服装相近的服装图片,得到更形象、直观、真实的视觉效果。

2.设计草图

在设计定位的过程中,并非所有观念上的服装都可以找到合适的图片进行展示和说明。因此,对于找不到的图片,就需要设计师依据手绘或者采用电脑绘制的形式,将要设计的服装概括展现出来,实现设计定位的表达意图。

(三)品牌定位的实物表达

1.面辅料样品

在看到定位图片与文字的时候,虽然能够感受到服装的款式与轮廓的形态,但是对于服装的面料质地却无法确认,为了使设计意图更形象生动,通常会针对设计意图与图片的指示,选择合适的面料与辅料。将面料与辅料进行剪切或拼贴后,粘在图片的合理位置。

2.实物样品

实物样品只是指实际服装样品。能提供与设计定位有非常相近的样衣作为参考,可以使设计形象更清晰、表达更准确,为整个产品的生产提供一定的参考。

(四)品牌定位的视觉色彩表达

色彩的表现是定位中非常重要的一个环节。在材料实物的色彩与产品色彩定位所需要的色彩不相符的时候,可以用国际色卡的颜色代替实物材料,作为采购和生产的标准。

色卡是自然界存在的颜色在某种材质(如:纸、面料、塑胶等)上的体现,用于色彩选择、比对、沟通,是色彩实现在一定范围内统一标准的工具。常用的国际色卡有以下几种。

(1)美国 Pantone 色卡。Pantone 色卡提供平面设计、服装家居、涂料、印刷等行业专色色卡,是目前国际上广泛应用的色卡。

(2)德国 RAL 色卡。RAL 是德国的一种色卡品牌,这种色卡在国际上广泛通用,中文译为“劳尔”色卡,又称欧标色卡。

(3)瑞典 NCS 色卡。NCS 的研究始于 1611 年,现已成为瑞典、挪威、西班牙等国的国家检验标准,它是欧洲使用最广泛的色彩系统。

(4)日本 DIC 色卡。DIC 色卡专门用于工业、平面设计、包装、纸张印刷、建筑涂料、油墨、纺织、印染、设计等方面。

(5)Munsell 色卡。Munsell 色卡是国际通用色卡,广泛用于纺织、服装、摄影、印刷、包装行业等方面。

四、服装品牌的命名形式与方法

品牌名称是对品牌的称呼,是品牌之间识别的核心要素。一个好的品牌名称可以令新产品在市场上大展风采,率先抢占商机。

(一)品牌命名的重要性

从长远观点来看,对一个品牌来说,最重要的就是名字。品牌名称直接影响品牌传播效果。孔子也说:“名不正、则言不顺,言不顺、则事不成”,所以,品牌命名成了品牌建立之始的重头戏。

1.有利于塑造良好的品牌形象

一个好听、有个性的名字,便于消费者识别,品牌故事也容易被记住,使得品牌形象更鲜明、深刻。

美国的品牌“ESPRIT”,命名来自法语,意义是:才气、精神、生机。这个命名很好地体现了其品牌文化;法国品牌“GUESS”女装,意义是:猜。命名形象、生动、耐人寻味。这些名称都方便品牌形象的识别和塑造,也容易编织动人的故事,容易进行非常有效的事件行销。

2.有利于提高产品的品位和层次

一个好的品牌名称能够使消费者直接从品牌名称中解读出商品的特点,领略品牌文化和企业的文化,可以给顾客留下美好的、深刻的印象。例如,“例外(EXCEPTION)”就是一个非常优秀的、成功的商品命名(图 4-8),“例外”反转体英文“EXCEPTION”LOGO,而对于这个英文 LOGO 设计意念的解释——例外就是反的,也是例外设计风格的写照。设计从不跟风,但却总是引领时尚。

图 4-8 “例外”反转体英文“EXCEPTION”LOGO

3.有利于提升企业形象

良好的企业形象是产品在市场合理运作的结果,它是产品和企业文化的载体和重要体现。良好的企业形象可以为企业赢得客户的信赖,获得更大的发展空间。如:“才子”品牌,“才子男装”以中国精英族群为群体定位,以中国传统文化为创作灵感来源,打造具有鲜明“产品文化”特色的品牌,以满足社会各界精英对服饰文化价值的追求。

4.品牌资产迅速增值

品牌是企业重要的资产。在良好的经营活动中,品牌能不断地为企业积累资本和财富,使企业不断增值。可以说,品牌的产品是企业生存发展的出路和武器。例如,金利来(goldlion),“金利来”的成功,很重要的原因就是商标命名恰当合适。“金利来”,寓意金与利一起来,这是个寄寓着美好愿望的命名,所以迅速被消费者认可,成为响亮的领带品牌。

5.节省大量广告费用

一个优秀的品牌名称,能长期储存在消费者的记忆中,给消费者留下深刻印象,可以大大减少品牌推广成本,这便是品牌准确命名为企业节省大量的广告费用的重要意义。例如,李宁(Li-Ning)是绝大多数国人都很熟悉的运动品牌。李宁品牌以“一切皆有可能”作为品牌的口号,是真正代表中国的专业体育品牌。

(二)服装品牌命名形式和方法

1.服装品牌的命名形式

表 4-3 品牌名称的分类

名称类别	具体解释	代表品牌
商标式	以商标、公司的名称为品牌命名	鄂尔多斯

续表

名称类别	具体解释	代表品牌
数字式	用数字命名	361°
人物式	用人的名字命名,比如用品牌创始人或者是设计师的名字命名	李宁
动物式	用动物的名称给品牌命名	袋鼠、鳄鱼
植物式	用植物的名称命名	紫罗兰
外来语式	用外来语给品牌命名	美津浓
词语式	用有一定意义的词语给品牌命名	才子、花花公子
自创式	用自创的词语给品牌命名	雅鹿

2.服装品牌命名的方法

一个好的品牌名称在很大程度上对产品的销售产生直接影响,使消费者容易对品牌认知并且容易接受。品牌名称是品牌的核心要素,对品牌的兴衰有极大的影响。

通常采用的品牌命名方法有以下几种。

(1)地域法。这种命名方法是把企业品牌的名称与企业的产地联系起来。利用消费者对该产品产地的信任,对品牌进行合理的命名,如"美国苹果"、"罗马世家"、"法国百灵鸟"等品牌的名称中,都能明显地看出产品的产地。这种命名方式,可以使该产品与其他企业生产的产品有明显的区别。

(2)时空法。这种命名方法是将与产品相关的历史渊源与产品的命名联系到一起,让消费者对产品产生正宗的认同感,如"老爷车"、"太子龙"等。运用时空法确定品牌,可以借助历史赋予品牌的深厚内涵,迅速获得消费者的青睐。

(3)目标法。这种命名方法将品牌与目标客户联系起来,使目标消费者产生认同感,如"观奇洋服"、"浪漫一身"等。

(4)人名法。它是将名人、明星或企业首创人的名字作为产品品牌名称,促进消费者对产品的认同,如"李宁"运动装备、"乔丹"运动装备等。

(5)中外文法。这是运用中文和字母或两者结合来为品牌命名，使消费者对产品增加"洋"感受，进而促进产品销售，如"Eral(艾莱伊)"等。

(6)数字法。这是用数字来命名品牌的名称，如"七匹狼"等。运用数字命名法，可以使消费者对品牌增强差异化识别效果。

(7)功效法。这是一种用产品功效来为品牌命名的形式，使消费者能够通过品牌对产品功效产生认同，如"江南布衣"、"淑女屋"等。

(8)价值法。这是把企业追求的目标转化成语言，为品牌命名，如"大红鹰"等。

(9)形象法。这种方法是运用动物、植物和自然景观来为品牌命名的，如"袋鼠"服装等。

(10)企业名称法。用企业名称直接为产品命名，如"恒源祥"等。

综上所述，为品牌命名的方法有很多，但是一定要结合企业的实际情况和市场需求，为自己的企业确定合适的品牌名称。

五、服装品牌的再定位

品牌在成立之初，已经作了严肃、认真的市场调查，作出了合理、理性的市场定位。但是，市场是不断变化的，流行与审美也随之发生变化。因此，在服装品牌的运作过程中，如果一直沿用当初的品牌定位，有时会出现企业的产品在销售的时候与预期不相符的情况。比如，设计师所钟爱的服装款式也许会在市场销售中遭到冷遇，相反有些不被看好的款式的销售状况却很好，产生品牌定位与现实出现差距。

在品牌运作过程中，实际运作结果与定位报告书的预期结果有较大的差距时，就需要对原来的品牌定位进行重新分析，找到出现问题的原因，对品牌进行再次定位。品牌的再定位，并不是对原先的定位完全否定，而是在原先定位的基础上以市场为依据，作出必要、合理的修整。

（一）品牌定位中的常见问题

1.目标定位不明确

通常是指企业对服装市场缺少正确的判断，缺少目标品牌的参照，导致在作企划的时候缺少目标，这是品牌企划中经常容易出现的问题。解决这个问题需要企业的各个部门，作更详细的市场调研，作进一步讨论，进行品牌目标的定位修整。

2.定位资料不完善

在品牌最初定位的时候，如果信息渠道落后或者资料、资源短缺，会造成企划者的视野不够开阔。针对这种情况，需要加大在资料方面的投入，同时对原先的资料进行整理和补充。

3.面辅料品类少

面辅料资源缺乏，材料供给滞后，导致产品设计受到影响。

4.部门之间的沟通欠缺

如果部门之间缺少沟通，对于定位的内容交流较少，容易造成相互否定的情况。出现这种情况必须要加强部门之间的相互沟通，提高工作人员的专业素养。

（二）品牌再定位的要点

1.确定再定位的原因

品牌定位涉及企业中的很多因素，涉及很多部门和环节。因此，品牌出现定位问题时，一定要及时对定位进行仔细分析，寻找出现问题的环节，找出问题所在，同时找到解决问题的及时、有效的方法，对企业进行再定位。

2.处理好与原来定位的关系

当定位出现问题时，一定要正确对待，处理好与原来定位的关系。原来的定位不一定就是错误的，有可能是在某个环节存在问题。只有认真地对待出现的问题，仔细分析，才能找到原先定位的欠缺，然后作出合理的修整。

3.对目标顾客做再次的分析

“顾客至上”是市场经济不变的规律。如果市场定位出现问题，一定是消费者对产品的认知程度和肯定程度达不到预期的目标。因此，再定位时要对消费群体进行进一步的细分，更深入地研究消费者的喜好，以便于在消费者中建立新的品牌地位。

在服装品牌中，服装品牌的理念决定了服装品牌的发展，服装设计理念也决定了品牌服装设计意识。品牌的设计理念与市场关系密切，没有品牌，就没有市场定位；没有市场定位，就没有市场。因此，品牌定位是市场传播的核心，设计理念是品牌发展的保证。

第五章　品牌服装的产品策划与架构

品牌服装时刻注意保持产品的系列化，这是品牌服装与非品牌服装的主要区别之一。其理由十分简单，即品牌服装讲究品牌形象，整齐有序的系列化产品无疑是保证品牌形象的主要手段。同时，冠以某种称谓的系列化产品往往便于进行市场推广，或使产品开发具有更为清晰的连续性。本章主要就品牌服装系列产品的策划、产品架构与产品的开发、上市展开论述和研究。

第一节　品牌服装系列产品

几乎任何一个服装品牌都以系列化方式进行新产品的设计与开发。除了销售上的整齐美观，系列产品的概念界定、要求和分类如下。

一、品牌服装系列产品的概念

（一）系列产品的定义

系列产品是指产品以某种名义组成的具有相互关联性的成组产品。系列产品是在产品的种类、数量、主题、功能、造型、色彩、图案、装饰、材料、结构、工艺、尺码、搭配等方面，选择一个或多个要素作为共同要素，按照不同方式进行组合的结果。同时，在进行系列产品设计时，还要考虑产品的销售季节、使用季节、销售方式、生产能力等产品本身以外的因素。

系列的概念来源于系统，是系统在产品开发上的现实应用。从最小限度来看，系列产品是一条产品线的概念，即把共同要素组合成一组在搭配上具有关联性的产品。从理论上说，两个或两个以上独立的单件产品可组成一个着装单位（套），两个或两个以上独立的着装单位（套）可组成一个系列。如果搭配发生在一个系列内，因其产品种类相对比较有限而可称为简单系列。在实践中，多个独立的并能形成上下装关系或里外装关系的单件产品也可以成为一个系列，一个系列往往大于两个以上独立着装单位的组合，一般从5个到20个不等。

从较大范围来看，系列产品是一个产品群的概念，即系列的关联性不仅表现为一个系列内部产品之间的关联，还表现在一个系列与另外一个系列之间产品的关联。从理论上说，两个或两个以上独立系列的产品组合起来，即可组成一个复杂系列。如果搭配发生在两个或两个系列以上，因其产品种类相对比较庞大而可称为复杂系列。相对来说，复杂系列之间的关联性比较模糊，要实现每个系列的单品都能搭配比较困难，因此，其搭配往往带有一定的偶然性。

产品系统则是指包括了全部系列产品的产品组合，即至少是一个品牌在一个销售季节里的全部产品。产品能否组成一个完整的系统，对可否形成完整的品牌形象以及销售业绩的整体带动有很大影响。

（二）系列产品的特征

1.设计主题的系列化

系列产品往往以某个设计主题推出。如果某个系列的名称是以设计主题的名义推出的，这一名称一般要求在一定时间内保持稳定，尽量做到不变或少变。比如，一个以设计主题“蓝色狂想”命名的系列，可以一定程度地看出该系列的设计风格取向，但未必能准确判断其中究竟包括哪些产品类别，只有当这一主题名义下的产品类别保持基本不变，连续多年出现同类产品，才能使“蓝色狂想”以代名词的姿态，代表该品牌此系列的产品类别。

2.产品类别的系列化

系列产品通常归类为产品类别推出。因为产品类别推出的系列产品比较直观易懂，经过一段时间的坚持，消费者很容易认知该系列产品。这里的产品类别既可以指产品品种，比如大衣系列、衬衣系列等，也可以指顾客定位，比如少年装系列、成人装系列等。由于一个系列需要有一个相对稳定的连续性，才能便于消费者累积性认知，因此，产品类别的系列化可以在当年产品之间形成系列化，也可以与以前产品或未来产品形成系列化。比如，一个女装品牌的晚装系列可以被连年推出，所不同的是每年在款式设计上必须有变化。

3.设计元素的系列化

系列产品一般以设计元素为统一系列的手段。就不同产品而言，使用共同设计元素越多，特别是面料、色彩等显性设计元素的共同使用，产品的系列感就越强。因此，系列产品的设计往往首先从采集、提炼并确定一个系列所使用的设计元素开始，将这些设计元素逐一分配到每个款式，而不是一开始就进行单款设计。当然，在讲求设计风格多样化的前提下，产品的系列感并非越强越好，过于统一的系列感不仅容易使产品出现雷同、呆板的感觉，降低了款式变化所能涵盖的范围，而且，外观上大同小异的产品也不利于消费者作出购买选择。

4.产品规格的系列化

系列产品的一大特征是产品规格的系列化。产品规格的系列化有两层含义：一是形成不同尺码的产品规格体系，有利于不同体型的消费者能够找到适合自己体型的服装；二是形成科学合理的产品规格配比，尽可能减少产品的断码断色现象。产品规格并不是越细越好，而是应该建立在满足品牌定位对目标顾客设定的基础上，以最大限度地减少因规格因素而出现大量断码货品为目标，划分恰当的产品规格。近年来，一些矢志品牌建设的服装企业纷纷建立人体数据库，其目的就是使自己的系列产品在规格上尽可能做到科学合理。

5.产品价格的系列化

系列产品的定价将会兼顾价格系列化的需要。由于很多消费者都十分关心产品价格,在同类商品之间进行比价是他们购物前的规定程序,因此,如何建立既合乎品牌定位又保证产品利润的价格体系是企业应当慎重考虑的工作内容。品牌服装讲究营销战略的整体性获胜,不在于一款一品的获利,其产品定价并不完全按照通常的成本定价法,而是适当考虑产品价格的系列化,对一个根据成本定价法得到的产品价格进行适当的提升或降低,使每个系列之间形成合理的价格梯度和价格带。反之,采用首先确定价格体系,进而指导产品开发的逆向程序,成为品牌服装企业在产品设计流程中的常事。

(三)系列产品的形态

品牌的产品设计风格一旦确定,产品计划也明细化以后,就要进入到实实在在的产品设计阶段。在此,将遇到一个产品形态的问题。品牌服装的产品形态是指在产品系列化设计思路的指导下,产品所呈现出来的结构性面貌。一个品牌采用何种产品形态,将根据品牌的定位、实力和现状而定。按照设计思维中关于造型要素的点、线、面的概念,在此提出三种产品形态(图 5-1)。建立这一概念,有助于对产品设计进行宏观上的把控。

1.点状产品

点状产品是着眼于单品形态的产品。单品是指产品与产品之间没有特定联系的、比较独立的单一产品。单品就像一个个分散的点,所以称之为点状产品。与点状产品设计对应的是单品设计,单品设计的特点是强调每一个款式的完美。此时的产品比较孤立,系列感和计划性均不明显,如果没有完整的设计管理系统,点状产品不适合真正的品牌服装。然而,单品有很大的消费市场,尤其是在消费者的品牌意识还不够强的地区,单品服装的销量丝毫不逊色于系列产品。因此,在以系列化产品为主的品牌服装中,单品服装依然有一席之地。

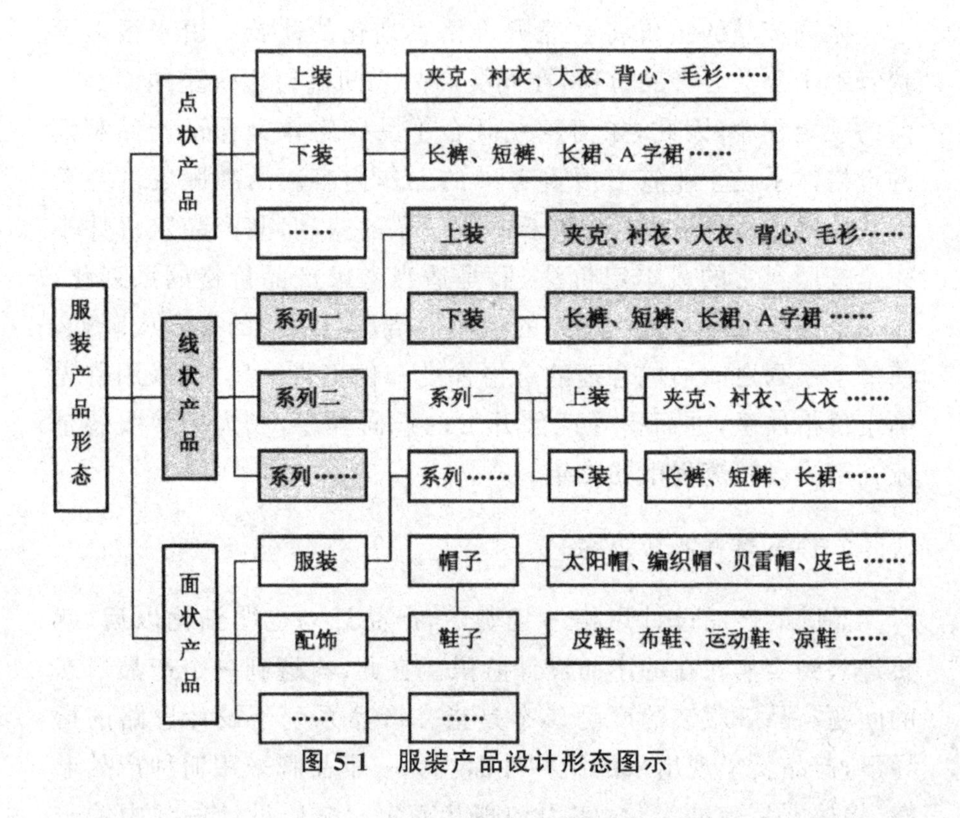

图 5-1 服装产品设计形态图示

点状产品主要针对的是促销产品或应景产品,以驳样取代设计的现象也近似于单品设计。比如,为了吸引顾客而推出的“零利润”促销产品、为了借助节日气氛而推出的圣诞节产品等(图5-2)。由于大型百货公司一般不太接受这类缺乏系统性的产品进入其卖场,因此,以单品主打市场的服装品牌比较适合在服装批发市场或独立门店销售。

2.线状产品

线状产品是致力于系列形态的产品。线状产品是指形成系统性、具有很好的配套感的组合产品。每个产品犹如连接在一条贯穿其中的主线上,所以称之为线状产品。线状产品一般以某个主题或某个系列为主线，通过设计元素的整合，将属于点状产品的单品服装有机地牵连在这一主线上。线状产品设计的特点是强调设计元素在产品与产品之间的统一，以及在主线与主线之间的关联。此时的产品系列感和计划性比较明显，设计风格相对统一，产品搭配比较方便。因此，线状产品是大多数服装品牌最常采用的产品形态(图 5-3)。

图 5-2 BABY DIOR 和 RALPH LAUREN KIDS 为圣诞节推出的应景单品

图 5-3 夏姿陈品牌 2010 年春夏以墨为主题的线状产品系列

线状产品可分为单线状产品和多线状产品。前者是指所有产品都统一在一个长线系列中,品牌风格单一而独立;后者是指一个产品群内的产品分属于多个系列,品牌风格比较丰富而完整。一般来说,依靠驳样取代设计的企业很难建立起属于品牌自身的线状产品,无法很好地完成线状产品的设计。

3.面状产品

面状产品是兼顾到系统形态的产品。面状产品是指与线状产品形成系统化配套的配饰产品。对于品牌服装来说,其服装产品需要得到与之般配的服饰品的配合,才能最大限度地表现出既定的设计风格。作为品牌形象的不可分割的一部分,服装配饰应该是品牌企划者考虑的因素之一(图 5-4)。一些国际大品牌的服装配饰占其销售额的相当大的比例。虽然新品牌的配饰品由于品牌知名度低等原因不一定能成为畅销产品,但是,在服装风格和产品档次类似的前提下,有服装配饰的卖场比没有服装配饰的卖场在形象上要完整得多,服装的定价可以借此适度提升。

图 5-4 Salvatore Ferragamo 品牌 2011 年春夏的面状产品系列

产品与产品之间的相互搭配、产品与配饰之间的相得益彰，可以排列组合般地派生出别具风格的穿着效果，进而带动所有产品的销售。一般来说，面状产品中的配饰可以由本企业完成设计，也可以委托专门从事服装配饰的企业完成，而这些配饰的加工制造则通常由专业工厂完成，最常见的操作模式是贴牌生产。因为，绝大部分服装公司不会也不必同时拥有鞋厂、帽厂或工艺品厂。

二、品牌服装系列产品的要求

如果在店铺中陈列的服装全部是单品，将毫无系列感可言，消费者进入店铺犹如进入了一个低端大卖场，对于品牌形象的塑造十分不利。对于服装企业来说，系列产品的最大作用是方便实际销售，树立品牌形象。为了发挥这个作用，系列产品要达到以下几个要求。

（一）兼顾风格的多样性

从理论上说，一个系列可以无穷多地加入具有相同风格和不同款式的品种数量，但是，由于受到店铺面积限制等原因，一个品牌一般不会在一个店铺只陈列一种风格的系列产品，而是要让整个产品群适当地表现出设计风格上的丰富性，避免消费者产生单调乏味的观感。在实践中，常见的做法是通过系列数量的增加达到陈列效果的丰富。但是，这一做法的前提是，系列数量的增加不能出现设计风格混乱的感觉。因此，一个系列内的品种数量不会过于庞大。至于一个系列的品种数量具体是多少，要根据品牌的市场定位、店铺的营业面积、产品的设计风格、品类的基本属性、产品的陈列方式等因素综合决定。以一个 $100m^2$ 的店铺为例，每个店铺的系列数量一般控制在10～15个系列为宜。

（二）产品品类的齐全性

在店铺面积有限的情况下，系列数量多，将意味着每个系列里的品种数量少。如果这种情况达到一定程度,特别是在每个系列都代表了一种设计风格的情况下,就会出现系列过多而产品过少的混乱感觉,而且会减少消费者在同一风格中挑选不同款式的机会。因此,在某个销售季节,一个服装品牌一般不宜追求系列数量的增加,而是宁可少几个系列数量,也要在一个系列中尽量做全产品。比如,在女装品牌的一个冬季产品系列里,既要有厚薄不等的大衣、外套等御寒衣物,也要有长短各异的衬衣、裙子等,在条件许可的情况下,还应该有内衣、围巾、袜子等搭配产品。只有这样,才能体现出产品的丰富性,让顾客得到更多的挑选余地,达到由主打产品带动配套产品销售的目的。

(三)产品搭配的方便性

以系列化方式开发产品的优点之一是可以在一个系列里加入非常多样的产品。这一优点不仅可以使产品在店铺陈列中表现出观感上的气势,也可以表现出企业在产品设计上的实力。按照品牌服装的消费习惯,有些顾客往往喜欢在一个店铺内买下一件衣服后,及时配齐一个着装单位甚至一个季节所需要的全部产品,这就是所谓产品的带动性消费。一个系列里可供挑选的品种越多,意味着产品搭配越方便。然而,无论是一个系列还是不同系列的产品,其搭配性是有高低的,高搭配性产品具有与其他产品更多搭配的可能,如果一个系列里仅仅是款式很多,但这些款式的总体效果却非常接近,将会降低搭配的可能,而且还可能导致顾客因不能自由搭配而对产品产生厌烦情绪。因此,在专注于一件产品设计的同时,要考虑它与其他产品搭配的可能性。

(四)成熟产品的延续性

销售业绩表现突出的产品称为成熟产品。通过一个季节的销售,在整个产品系统内,每个系列或一个系列内的不同产品将会在销售业绩上出现高低不等的表现。这种表现未必按照企业事先的设想发生,而是由产品在市场上的实际销售表现所决定。

如果产品的实际销售表现与事先设想的目标越接近，则表明企业在设计上的判断力和掌控力越强。由于成熟产品的销售量大，将会逐渐形成被市场认可的设计风格。为了避免新产品开发的风险和强化品牌的设计风格，继续发挥成熟产品的余热，扩大凝聚在这些产品中设计元素的影响，在新的系列产品开发中保留成熟产品的某些特征，成为系列产品设计的要求。

三、品牌服装系列产品分类

（一）按销售频度分类

销售频度是指产品上架销售的时间长短或频率。按照销售频度的长短，产品可以分为常销产品与短销产品。上架频繁的产品称为常销产品，反之则称为短销产品。

上架时间可分为跨季上架和当季上架。跨季上架是指产品可以在连续几个销售季节里持续上架销售，比如某产品分别在春夏、秋冬两个销售季节里上架销售。如果产品能连续跨越两个以上销售季节，即意味着跨年度销售，比如某产品连续在 2011 年度和 2012 年度的春夏季上架销售。当季上架是指产品仅在一个销售季节里上架销售。

（二）按系列长短分类

系列长短是指在一个系列里产品品种的多少。按照产品的品种数量，产品系列可以分为长线系列和短线系列。长线系列表示品种数量多，反之则称为短线系列。

系列长短体现了一个系列在产品品种上的丰富性，与产品的上架时间长短没有直接关系。长线系列内的产品款式多样，搭配性较好，品牌形象整齐饱满。短线系列具有生产安排上的灵活性，相对长线系列而言，由于短线系列的款式数量少，在每一产品生产数量相同的情况下,完成整个系列产品生产的周期较短,便于快速上架销售。

(三)按销售作用分类

销售作用是指产品在销售中发挥的结构性预期作用。按照产品在销售中担当的作用,产品可分为主打产品和配合产品。主打产品是被期望用来打开市场的主力产品,配合产品是对主打产品的补充和配套。

主打产品与配合产品的区别主要体现在产品的品类专长、款式数量、流行指数、颜色数量、尺码规格、上架时段、销售区域等方面,在店铺陈列中会占据不同的位置和面积。这些方面可根据品牌定位的不同而设置不同的比例,产品也因此而在各个品牌中分属不同的类型。比如,一件在 A 品牌里面充当主打产品的服装,在 B 品牌里面可能就是配合产品了。

(四)按流行指数分类

流行指数是指产品呈现出来的流行特征的强弱程度。按照流行指数的强弱,产品可分为流行系列和经典系列。流行系列具有鲜明的时效性,预示着品牌的时尚度;经典系列保留了品牌中的常规款式,反映了品牌设计风格的基本面貌。

流行产品在店铺陈列中承担着展示品牌对时尚理解的任务,以新潮的设计吸引顾客注意力,款式比较流行、时尚;经典产品在店铺陈列中体现了品牌设计风格的基调,以传承品牌特有的设计元素为己任,款式比较保守、稳重。在一个服装品牌中,如果流行设计元素与经典设计元素的性质不变,改变其所占比例,则将出现不同的设计风格特征。

系列产品分类见图 5-5。

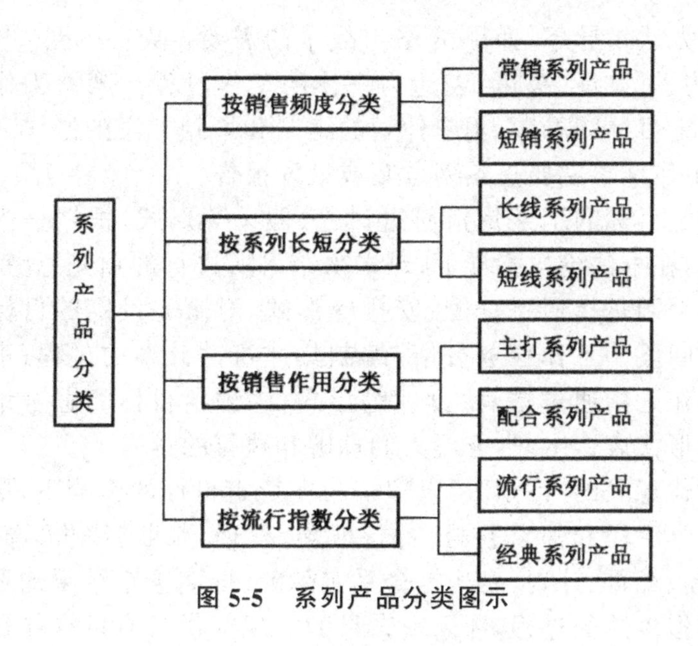

图 5-5　系列产品分类图示

第二节　品牌服装系列策划

常言道:“凡事预则立,不预则废”,其中“预”即策划之意。任何有一定准备时间的事物,都应该事先计策,提前谋划,才能做到胸有成竹,有备而来。品牌服装设计特征之一的计划性特征决定了其产品系列应该经过策划环节,在具备了周密思考和精心安排的各项策划之后,执行结果才能切实保障预期目标,产品投放才能有效规避市场风险。为了保证品牌服装设计的成功,系列产品必须经过策划环节,这是品牌服装设计与非品牌服装设计的区别之一。

一、品牌服装策划的概念

(一)策划的定义

策划又称企划,是指人们为了实现某种特定的目标,在一定的科学方法指导下，兼顾战略与战术的需要，结合一定的艺术手段，集构思、设计、决策、表达为一体的工作过程。策划工作一般分为预定目标的思考、实施计划的编制和策划方案的制作三个过程，其工作结果主要是策划方案或策划报告。

预定目标的思考是指通过讨论、假设等形式，根据事先设定的目标，在方法论的指导下，对未来结果所进行的预先思考；实施计划的编制是指通过分配、安排等形式，对事先设定的目标进行基于时间段的工作任务分解，编制具体行动计划的过程；策划方案的制作是指通过撰写、设计等形式，将预定目标的思考结果用恰当的形式表达出来，方便人们理解和执行的过程。

现代意义的“策划”可以理解为在特定目标的引导下，借助一定的科学手段和信息素材，进行搜集、整理、判断、评价、选择、设计、创新、编排、计划、表达等合乎实际的、推演未来结果的逻辑思维和虚拟表达的过程，为未来结果的实现提供具有可操作性的创意、思路、方法与对策。

（二）策划的特征

1.智慧性

策划需要高度的智慧。策划是一种智慧创造行为，要求策划人员在特定目标的指导下，把现实条件的状态和未来结果的预期进行高度统一，在本质上是一种必须高效运用脑力的理性行为，其发现问题、解决问题的思考角度和实施程序需要高度的智慧。

2.计划性

策划需要周密的安排。策划通过对资源和流程的精心安排，组织有效的战略和战术，对事物的发生、发展进行系统性操作，强调各个操作环节的合理衔接，以较高的计划成效换取较低的运作成本，提高基于预定目标的操作过程的效率，体现出很强的计划性。

3.转化性

策划需要转化为客观现实。策划是一种从无到有地创造未来结果的精神活动,其根本目的是把人们的思想转化成可度量的客观现实,不能转化为客观现实的策划行为是毫无现实意义的废举。因此,在正常情况下,策划结果(即策划方案或策划报告)必须进入实施环节,转化为预期目标。

4.目标性

策划具有明确的目的性。任何策划方案都有一定的目的,否则策划就失去了存在的意义。

策划目的的明确性体现了策划任务的迫切性,策划目的的聚焦度体现了策划水平的高低。策划的目标应该从用户和市场需求入手,逐步认识、掌握及运用品牌服装设计的规律,提出实际存在的各种问题。

5.创意性

策划具有一定的创意成分。策划的灵魂就是创意,具有创意的策划,才是具备了一个真正的策划所需要的基本要素。对未来结果的正确预想不仅需要大量的科学知识和实践经验,还需要出色的创意思维。只有别出心裁的创意成分加入,才能使策划结果更具震撼力和价值感。

6.前瞻性

策划具有相当的前瞻性。策划是一项早在未来结果出现之前就开展的前期工作,保持相当程度的前瞻性是策划工作必须具备的职能。品牌服装设计策划的前瞻性体现在对下一个销售年度的流行状况的把握,必须对此作出自己的判断和预测,其提前量根据品牌在行业中的地位和产品属性的不同而有所差异。

7.风险性

策划具有一定的风险性。策划既然是一种预测或者筹划,就不可避免地带有某种程度的不确定性。这种不确定性即为风险。可以说,几乎任何策划都不可能与操作结果百分之百地吻合,对于那些事前设定的目标,要么超过,要么不足。因此,对策划在事物发展中的作用应该有一个客观的认识。

8.科学性

策划具有一定的科学性。策划的科学性强调了策划必须建立在人们充分调查研究的基础上，遵循和采用科学的方法，对未来即将发生的事情进行系统、周密、科学的总结、预测和筹划，并制定科学的可行性解决方案，同时在发展中不断地调整以适应环境的变化。对于科学态度和应用，决定了策划的准确性。

二、品牌服装策划的不同分类

（一）按功能分类

根据策划的主要功能，策划活动可分为管理策划、经营策划、销售策划、公关策划、传播策划、生产策划等。

（二）按内容分类

根据策划的具体内容，策划活动可分为文案策划、形象策划、产品策划、节目策划、规章策划、程序策划等。

（三）按产品分类

根据策划的产品领域，策划活动可分为服装策划、游戏策划、汽车策划、烟酒策划、饮品策划、邮品策划等。

（四）按表现分类

根据策划的表现形式，策划活动可分为实体策划、虚拟策划、平面策划、立体策划、多维策划、图像策划等。

（五）按角度分类

根据策划的所处角度，策划活动可分为整体策划、局部策划、宏观策划、微观策划、内容策划、形式策划等。

（六）按行业分类

根据策划面对的行业，可分为餐饮业策划、房地产策划、旅游业策划、电影业策划、广告业策划、保险业策划等。

（七）按性质分类

根据策划的内在性质，策划活动可分为原创策划、模仿策划、派生策划、延伸策划、创新策划、混合策划等。

（八）按方式分类

根据策划的工作方式，策划活动可分为独立策划、合作策划、委托策划、自主策划、团队策划、个人策划等。

三、品牌服装产品策划的原则

产品策划是所有策划活动中的一个分支，被划分在按照内容分类的策划活动中，并因为产品的特点而使得产品策划本身具有一定的特殊性。由于产品门类无所不及，大到飞机轮船，小到针头线脑，硬到钢铁钻石，软到棉花丝绸，策划的方法差别很大。除了一般策划活动的共性原则以外，这里只能结合服装产品的特点，提出一些需要注意的策划原则。

（一）时间上的超前性

时间上的超前是为了保证策划从设想到实现所需要的转化时间。对于采用不同的服装品牌来说，由于品牌的原有基础、技术力量、运作模式、生存环境和发展现状等因素的不同，这一转化时间的长短也是不一致的，因此，每个品牌对时间上的超前量将会提出长短不等的要求。一般来说，传统服装品牌在产品策划上需要的提前量较长，以产品上架时间为限倒推，通常要提前一年左右。以 ZARA 等品牌为代表的“快速时尚”品牌由于采用了“新产品滚动开发模式”或“流行信息资源整合模式”，所需要的转化时间较短，一般仅为3个月甚至更短。

（二）目标上的可行性

目标上的可行是为了确保策划方案在实际操作中能得到预期结果。对于策划方案本身而言，只要不出现严重的逻辑错误，任何一个经得起理论验证的方案在实践中同样具有可行性，其区别无非是操作过程的简单或复杂。但是，由于品牌原来的规模、渠道、团队、资金等原因各不相同，一个在A品牌可行的策划方案未必能在B品牌顺利落实，反之，在B品牌屡试不爽的策划方案可能在A品牌处处碰壁。因此，所谓可行性是相对的，要根据每个品牌的具体情况具体考核。可行性包括成本的可行、时间的可行、人员的可行、资源的可行、渠道的可行、地域的可行等。

（三）环节上的流畅性

环节上的流畅是为了使策划方案始终在高效通畅的操作过程中运行。对于产品设计本身而言，由于品牌诉求、产品属性或设计数量的不同，从设计概念的提出到实物样品的完成，其转化环节不尽相同，需要的时间也不一样，比如皮装品牌和羽绒服品牌就存在很大不同。如果再从样品到完成销售工作，再加上公司规模等因素，其操作环节的性质、数量或形式将会出现更大的差异。策划方案的转化效果会受到操作环节流畅性的很大影响，一般来说，环节越多，损耗也越多，操作的流畅性自然也将受到一定的影响。因此，整个操作环节形成系统关联是保证策划方案顺利实施的重要条件。

（四）成本上的合理性

成本上的合理是为了策划方案在合理的成本区间内得到完美的内在品质保证。策划方案的内在品质是指整体与部分之间、部分与部分之间在逻辑上形成的关联性、可行性和流畅性。策划方案人人会做，打个比方，根据一个经营目标，十个策划团队可以做出十种策划方案，但只有一个方案最接近实际运作结果，其余的都将渐行渐远。其中的关键因素是策划方案内在品质的高低。与企业其他经营活动相比，策划活动本身并不需要太大成本，但是，一个十分完整的策划方案依然成本不菲，建立在反复调研、琢磨、比对、推敲、验证基础上的策划方案无疑有助于其内在品质的提升，但也会加重其综合成本上升。

第三节　品牌服装的产品架构

一、品牌服装的色彩架构

（一）色彩的筹划和作用

不同的色彩调和给予人们不同的色彩印象，而且色彩还可以通过与形态或材料等相结合，使产品设计印象得以加强。色彩是最能引起情感共鸣的表现元素，通过色彩的运用可以更加深刻地表现主题，同时让消费者更全面地了解产品的架构情况。

色彩架构是在品牌设计上基于用途与材料加以计划，以获得完善的服装配色计划，所以产品的颜色以固有的感情效果而对审美意识有直接的影响，并具有引起关注的力量（图 5-6）。

色彩的筹划在产品设计中占有重要的地位，原因如下。

（1）色彩给人们带来很大的心理效应。色彩可以将产品的风格、材质、廓形等信息通过视觉与情感共鸣的方式传达出来，可以使观者对品牌产品有一个直接的认知，所以产品中所使用的色彩及其环境搭配，都能够反映出产品所传达的信息。

（2）色彩更容易改变产品的风格。色彩的转变，色标的确定，都在一定程度上影响着消费者对品牌的感知。产品中出现的基本色调、辅助色以及强调色事实上也都是在影响着这个产品的风格特征，在时间和费用层面上较为实用。

(3)色彩在数据的加工、积累、传送方面比较精确。色彩有客观上的测量标准，也可作定量表示。

图 5-6　流行色

(二)色彩架构的方法

色彩架构的方法有确定产品计划理念、把握品牌的整体性、品牌色彩的收集与分析、确定品牌色彩理念、色彩的收集与分类、服装色彩信息记录与保存。

(三)色彩架构计划实施阶段

色彩架构计划实施阶段分为决定品牌设计方向；确认色彩的相关事项，确定色彩方向的基本概念(图 5-7)；收集、分析、综合、评估色彩数据(色彩心理、市场动向等)；比较和商讨各大品牌的色彩描述；把握市场的色彩动向，计划、生产阶段的信息反馈；色彩效果分析、结果分析、数据的积累；调整服装流行色与基础色的比例；制定进度表，完成色彩计划书(表 5-1)；准备下一季的色彩计划。

图 5-7 春夏女装色彩与款式流行趋势

表 5-1　各品类色彩结构实例

颜色 品类 款式数	白色乳白色系	灰色色系	黑色色系	黄色色系	红色色系	紫色色系	蓝色色系	绿色色系	合计
外套 A:2 W:6	▲	▲▲ ▲▲	●● ▲▲▲▲		▲▲	●● ▲▲	▲▲	▲▲▲	A:4 W:18
短外套 A:3 W:8	▲▲	▲▲ ▲▲	●●● ●●		▲▲	▲▲▲	▲	▲▲▲	A:5 W:15
大衣 风衣 A:3 W:4	● ▲▲	●● ▲▲▲	●● ▲▲▲			● ▲▲	● ▲	● ▲	A:8 W:12
衬衫 A:8 W:8	●● ●● ▲▲ ▲▲	●●● ▲▲ ▲▲	● ▲▲	● ▲▲	▲▲	●● ▲▲	▲▲	●	A:12 W:18
半身裙 A:3 W:3	●	●●● ▲▲	▲▲▲			●● ▲▲	●● ▲▲	▲	A:8 W:10
连衣裙 A:6 W:4	●	●● ▲	●●● ▲▲		●● ▲	●● ▲▲	● ▲	● ▲	A:12 W:8
裤装 A:5 W:3	●●	● ▲▲	●● ▲▲		●	● ▲▲	● ▲	▲	A:8 W:8

续表

颜色 品类 / 款式数	白色乳白色系	灰色色系	黑色色系	黄色色系	红色色系	紫色色系	蓝色色系	绿色色系	合计
针织衫 A:5 W:7	●	● ▲▲	● ▲▲▲	▲	● ▲▲	●●● ▲▲	●	●● ▲▲	A:10 W:12
款式数 A:35 W:43	10 9	11 22	16 21	1 3	4 9	13 17	6 10	5 12	A:67 W:101
合计	19	33	37	4	13	30	16	17	168

二、品牌服装的面料架构

(一)面料架构的含义

面料架构初步规定了整个季度所使用面料的品种(图 5-8)、面料的厚薄、肌理对比的组合关系(图 5-9)。面料架构与面料概念的区别在于:面料概念确定的是面料风格,而面料架构则确定了面料的品种和使用比例。

(二)面料架构的原则

面料架构主要受价格、厚薄、工艺等因素的影响(图 5-10、图 5-11)。

图 5-8 流行面料

图 5-9 辅料与配饰

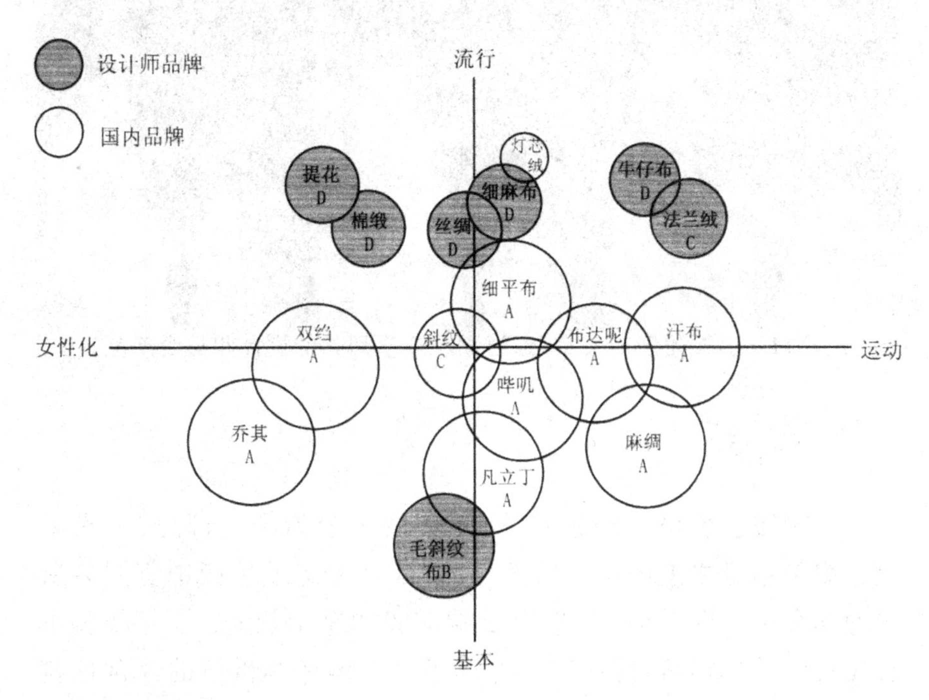

以上月开始市场反馈的面料动向和销售量增加程度（A,B,C,D为不同的销售量增加程度）

图 5-10 面料架构实例图表

图 5-11　英国伦敦时装周(通过面料成系列化的设计和组合产品)

1.价格因素

影响服装价格的因素非常多,主要可分为两大部分:一是凝聚于服装本身之上的内部因素,这些因素决定了生产销售服装所需的社会必要劳动时间,决定了服装价值的高低;二是与服装本身无关的外部因素,这些因素造成了价格偏离其价值的经常性剧烈波动,如时尚流行周期的不同阶段。服装材料的价格是影响服装价格的主要因素,它直接影响到服装的成本,其中服装面料的价格对成本影响最大。从相同款式的西服来看,在不考虑品牌因素的情况下,纯毛面料的西服可卖上千元,混纺面料的西服可卖几百元,而中长化纤面料的西服不到百元。另外,对大批量生产的服装产品,服装辅料的价格对成本的影响也是较大的,如设计和组合产品(拉链、纽扣、衬等)。要提高服装的加工质量,就必须改进生产设备,增加品质控制成本,这些都会使服装的成本提高(表 5-2)。

表 5-2　不同品类价格带

价格 品类	价格带					
	800 元	1000 元	1500 元	2000 元	2500 元	3000 元
大衣						
套装						
裤装						
裙装						
衬衫						
针织衫						
吊带衫						
长外套						
短外套						

2.厚薄因素

在使用面料进行设计时,最重要的一条原则就是切忌不恰当地使用,一定要根据面料的属性完美地展现出面料的特征。如果面料是发光的,如绉缎,那么具有体积感和褶皱的设计才能使光线得到最好的反射,从而展现出面料诱人的光泽。如果面料是轻薄透明的,如雪纺纱,那么宽松的设计才能使面料飘逸、轻盈的特性发挥到极致。因此,在进行设计前评估面料时,一定要从面料店里从一捆面料的搭口处将其完整展开,充分了解该面料的量感、厚薄因素或其他方面的特性。

3.工艺因素

事实不断证明,工艺是一个在时装业里可以无限发展的领域。工艺的变革和创新使设计师们不断思考服装的功能、生产技术。在应用方面,工艺与时装设计之间紧密相连,新的生产技术还可以创造出更多的设计细节,比如激光切割技术等。

三、品牌服装的产品架构

(一)产品架构作用

1.是产品规划中的理性环节

产品架构进入产品开发的详细规划环节中,它规定了一个品牌在特定的季度里各类型产品之间的设计逻辑关系、比例关系、色彩关系、面料关系、设计开发的先后顺序。明确产品的方向是非常重要的一步,了解产品的信息,掌握流行趋势,收集竞争企业、新品牌新战略等相关信息,还需要制订对应的方案。

2.是系列设计中的指导手册

当设计师把品牌行业规范、市场消费情况、顾客对品牌产品的需求以及品牌的期望值等因素都考虑到产品设计中时,整个系列设计工作才得以初步完成。一个完整的服装系列要为消费者提供多样化的产品,满足不同客户群体的需求。

3.是设计师把控能力的体现

首席设计或设计总监需要决定下一季度服装产品风格和设计方向,交换意见商讨计划,指导整个设计过程,制订实施品牌产品架构方案。

(二)产品架构方案准则

(1)完整有序的设计大纲以及明确的设计图。

(2)全面深入的设计情境。

(3)具备鲜明的设计特征。

(4)多样化的设计手法。

(5)掌握设计的节奏。

(6)创新、用于打破常规。

(7)国际流行趋势的分析等全方位能力。

图 5-12　某品牌优雅系列品类构成实例

第四节　品牌服装产品开发与上市

一、开发时间计划

(一)开发时间计划的内容

服装设计开发是指发生在服装企业内,围绕新产品开发而展开的一系列活动及其之间的相互关系。

开发时间计划规定了整个开发环节的起止日期,包括设计部和板房的时间安排，因为设计与打板交替进行，两者密不可分。

（二）开发时间计划的制订原则

1.紧凑

制订开发时间计划表的基本原则：尽量紧凑，保持较快的速度（表 5-3 至表 5-5）。

表 5-3　开发时间计划方式

		第一周	第二周	第三周	第四周	第五周	第六周	第七周	第八周
		4.1~4.7	4.8~4.14	4.15~4.21	4.22~4.28	4.29~5.5	5.6~5.12	5.13~5.19	5.20~5.26
第一主题系列	设计								
	初板								
	复板								
第二主题系列	设计								
	初板								
	复板								
第三主题系列	设计								
	初板								
	复板								
第四主题系列	设计								
	初板								
	复板								

表 5-4　设计任务量与时间的关系

时间	任务量与数量						
第一周审稿		10 款					
第二周审稿			20 款				
第三周审稿				30 款			
第四周审稿					40 款		
第五周审稿							25 款
第六周审稿					20 款		

表 5-5　不同系列相继进行的时间计划

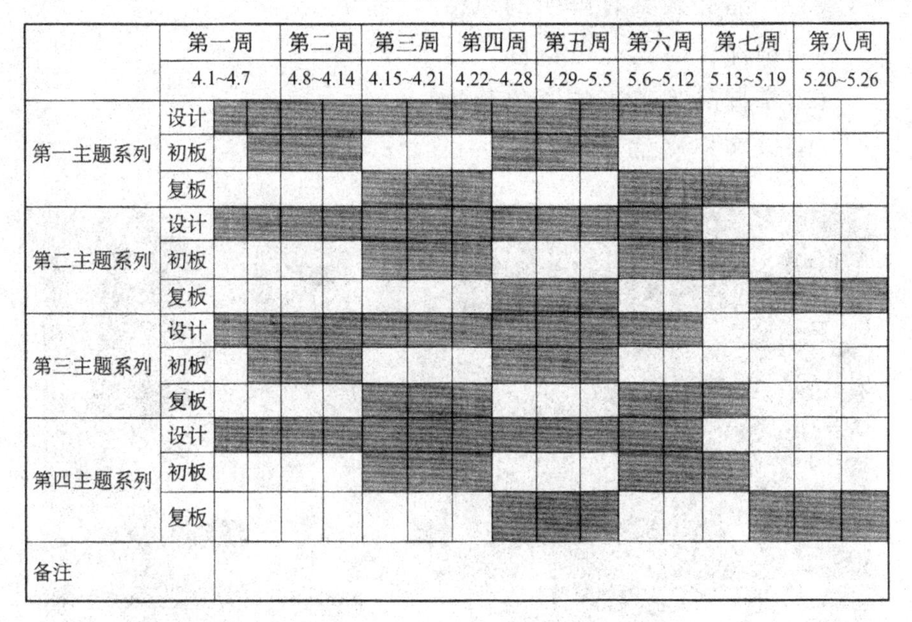

		第一周	第二周	第三周	第四周	第五周	第六周	第七周	第八周
		4.1~4.7	4.8~4.14	4.15~4.21	4.22~4.28	4.29~5.5	5.6~5.12	5.13~5.19	5.20~5.26
第一主题系列	设计								
	初板								
	复板								
第二主题系列	设计								
	初板								
	复板								
第三主题系列	设计								
	初板								
	复板								
第四主题系列	设计								
	初板								
	复板								
备注									

2.弹性

对设计进程进行“弹性管理”是激发设计师创造力的一种方法。

二、产品上市计划

（一）产品上市计划的内容

产品上市计划包括确定新季度产品在不同地区上市的初始时间，新货上架的阶段时间和各个促销时间点，并确定每次上市供应新品种的种类。

该计划使设计有了明确的针对性，在设计阶段就考虑了诸如季节、气候、节日等与销售相关的因素。为了更好地规划产品，必须要详细制定产品的每一个步骤。

（1）确保新产品系列之间的关联性（图 5-13），视觉与功能上的关系。

(2)确定目标客户群,定位消费市场。

(3)产品必须具有鲜明的风格特征。

(4)确保产品具有可行性。

(5)掌握品牌未来的竞争趋势。

(6)以客户满意为宗旨。

图 5-13　系列产品的关联性

(二)产品上市计划对设计的要求

根据品牌的策略,产品种类,品牌特征,各季节特征与上市时间的不同,产品的构成形式也有所不同,另外,确定各品类所追求的时装形象也相当重要(表5-6、表5-7)。它包括:

(1)确定设计理念、主题及形象概念。

(2)各季节以流行款、基本款、主打款等分组,调整整体平衡。

(3)调整各种不同品类之间的构成比例。

(4)调整各种不同品类之间的数量比例。

表5-6 季节、上市时间与产品要求

季节	上市时间	批次	销售	产品要求
春季	2月10日	第一批春季产品	试探市场	基本款与新颖的产品反搭配,同时上市
	3月15日	第二批春季产品	根据市场反应补充产品	准确体现本季节的潮流
夏季	5月1日	第一批夏季产品	节日促销,吸引消费者	产品系列中有新的亮点
	6月1日	第二批夏季产品	节日促销	与其他品牌相比,有自己的显著特色
	7月5日	第三批夏季产品	夏季最后补充产品	部分产品具有超前风格,可以更加大胆和前卫
秋季	8月15日	第一批秋季产品	试探市场	新颖性的产品与基本款搭配,同时上市
	9月10日	第二批秋季产品	根据市场反应补充产品	准确体现本季节的潮流
冬季	10月1日	第一批冬季产品	节日促销	保暖等功能性要求比较高
	11月15日	第二批冬季产品	根据市场反应补充产品	时尚性要求比第一批要高
	12月25日	第三批冬季产品	节日促销	产品须体现节日气氛

续表

季节	上市时间	批次	销售	产品要求
年货	1月10日	新年产品	年货促销	产品须体现节日气氛

表 5-7　各种不同品类之间的构成及数量比例

时段	春	数量	构成比例	初夏	数量	构成比例	盛夏	数量	构成比例	合计
基本款	衬衫	2	60%	衬衫	2	50%	针织衫	4	50%	42
	连衣裙	1		连衣裙	2		衬衫	3		
	外套	2		外套	3		连衣裙	3		
	针织衫	2		针织衫	3		裤子	2		
	背心	1		裤子	2		裙子	3		
	裤子	2		裙子	3					
	裙子	2								
流行款	针织衫	2	30%	衬衫	2	37%	衬衫	2	30%	26
	外套	2		连衣裙	2		针织衫	3		
	衬衫	1		针织衫	3		裙子	3		
	裤子	1		裙子	2		裤子	1		
				裤子	2					
点缀款	衬衫	1	10%	针织衫	2	13%	吊带衫	2	20%	12
	裙子	1		裙子	2		针织衫	2		
							裙子	2		
合计		20	100%		30	100%		30	100%	80
上市期限	2月28日～4月8日			4月8日～5月18日			5月18日以后			

第六章 流行色及其在品牌服装中的应用

服装是一种典型的时尚化的产品，品牌服装走在时尚最前沿，引领时尚的发展。“流行”只是一个有形象比喻的动名词，它表现的是文化与习惯的传播。例如，一些尚未被主流社会和大众普遍接受的新兴事物，经过了某些特殊的途径引起了某些阶层、团体、族群或者有影响力的个人的注意，后来绝大多数的人开始关注它、使用它、了解它。所以“流行”是一个很广义的词，它可以改变我们现在的生活习惯。本章主要就服装中的流行色彩及其应用展开论述和研究。

第一节 流行色及其影响因素

一、流行色的概念

流行色的英文名称是 fashion colour，意为时髦的、时尚的色彩，它是一种社会心理产物，是某个时期人们对某几种色彩产生共同美感的心理反应。国际服装的时尚流行因素总是离不开流行色的导向。流行色为时新的色彩，合乎时代风尚，刺激服装消费，影响社会主流消费心理。流行色有两类：一种是经常流行的常用色即基本色；另一种是流行的时髦色。流行色与服装的面料、款式等共同构成服装美。

流行色具有新颖性、短时性、普及性、周期性的特点，在纺织、服装行业产品设计及营销环节，流行色彩的反应最为敏感，也最为明显；其流行时间周期最为短暂，变化也较快（图6-1、图6-2）。

图 6-1

图 6-2

二、流行色的影响因素

流行色的产生与变化，不由个别消费者的主观意愿所决定，也绝非少数专家、销售者们可以凭空想象出来的，它的变化动向受到社会经济、科学技术、消费心理、色彩规律等多种因素的影响与制约。不同国家、种族，由于历史文化背景的不同，都有自己喜好的传统色彩，长期相对稳定不变。但有些常用色有时也会转变，上升为流行色。而有些流行色彩，经人们使用后，一定时期内也有可能变为常用色、习惯色。

通常影响服装色彩流行的因素有以下两种。

一是必然发生的情况。随着社会的发展，人们的审美趣味也必然发生着变化，如经济危机势必会影响人们的着装观念。

二是偶然发生的情况。一些偶然的文化事件也会引起服装色彩设计的某种流行趋势，如一部电影的热播都可能引起时尚的潮流。人们在不断地追新求异，信息的多元化和快速更替也导致流行色的快速更新。

第二节　流行色的特性与预测

一、流行色的特性

时装作为时尚行业的主体，它与流行色的关系也是最为密切的，因此时装设计师一定要了解流行色的相关知识，更主要的是要学会应用流行色设计服装的方法，养成关注流行色和对流行色敏感的习惯。

流行色是在一定时间内某一区域里被广泛采用的色彩，其特征表现为以下三个方面。

时间性：流行色按其影响的程度大小和流行时间的长短可以分为时期流行色、时代流行色、年度流行色、季节流行色、月份流行色等，无论长短，相对而言是短暂的。时装上的流行色一般都是按季节划分的，如春夏或秋冬等。

区域性：流行色是社会文化的产物，受具体的文化背景、生活方式、消费习惯甚至气候条件等因素的影响很大，因此流行色的影响是区域性的，或者是一个或几个国家，或者某个省或洲也可能是某个城市。

周期性：也就是循环性。流行色遵循产生、发展、盛行和衰退的循环规律。另外，某种流行色在消失一段时间后还可能会卷土重来成为新的流行色。流行色循环更替的大规律是：暖色系—中间色系—冷色系—中间色系—暖色系。明度上的循环规律是：亮色调—暗色调—亮色调。

二、变化周期与规律

流行色好比一条河的坡面，河的表面流速最快，带动着中间层和最底层的传统型人士的服装色彩潮流，许多人是在自觉与不自觉下卷入流行色潮流的。因此，流行色的变化周期大致包括四个阶段，分别为始发期、上升期、高潮期、消退期，整个周期大致经历3～5年，其中高潮期中的黄金期大约为1～2年，也是黄金销售期。

色相产生的变化总是各自向相反的方向围绕中心点做转动，出现暖色流行期和寒色流行期之间的相互转换。这种转换一般是渐变的、顺向的。1987年前后出现了以宝蓝色为尖端色的寒色流行期；其间经历了橄榄绿、紫藤、姜黄等色的多彩流行中间色过渡期。蓝色高潮流行期过后，向暖色流行期转换；到1988年出现的驼色及米黄色等中间色为其交替阶段；1992年前后，出现了流行暖灰色、褐色为尖端色的暖色期；1997年香港回归以后，中国红、橙在流行色中占据了重要位置，这也表明了东方元素逐渐成为国际时尚潮流中重要的设计元素。流行色存在明度、纯度相互转化的变化规律，两者综合形成流行色的色调趋势(图6-3至图6-6)。

图 6-3

图 6-4

图 6-5

图 6-6

三、流行色预测

一个顾客在购物时作出的反应首先就是由色彩的刺激引起的。这使得存在于时装界的准确预测的关键就是对未来标新立异的色彩预测，开放的年轻人会去穿流行着的任何色彩；年长的消费者倾向于购买几种他们认为自己穿着好看的色彩。因此，色彩的预测需要了解不同的消费群和特定的市场类别。色彩预测过程开始于销售旺季前两年到两年半的时间。这一过程基于环境扫描，确定非时尚的事物对于流行趋势和生活方式主题的影响。比如，新一任总统和第一夫人对白宫的风格会有影响吗？反恐怖主义战争对于消费者在色彩上的偏爱是如何影响的？当婴儿潮一代变成历史上规模最大的老人的时候，对新的人口统计有什么影响？

（一）流行色预测机构

国际流行色委员会每年举行两次会议，预测一年半以后春夏和秋冬季即将流行的色彩。各成员国根据本国的情况采用、修订、发布本国的流行色。每个成员国家对所带来的色卡预测方案进行投票,选出最能代表国际主要流行色潮流的方案,以它为蓝本,再糅合其他国家的方案进行补充,形成最终的国际流行色预测方案,常以法国、德国的色彩方案作为参考重点。西欧流行色预测一般客观反映消费者需求,迎合消费者心理,较为全面地反映了国际流行色的基本潮流,把时尚的流行色彩与市场结合起来,具有促进和引导生产的重要积极作用。目前,中国国内的一些大型企业和公司也注重结合国际流行色发布的趋势进行产品设计。

流行色预测告诉人们的是一种趋势、一种走向、一种风格、一种新鲜的感觉,并不是单一的一个款式或色彩。权威的流行色协会机构往往给消费者留下了很大的余地,使消费者能够根据自己的感觉投入流行的行列中(图 6-7)。

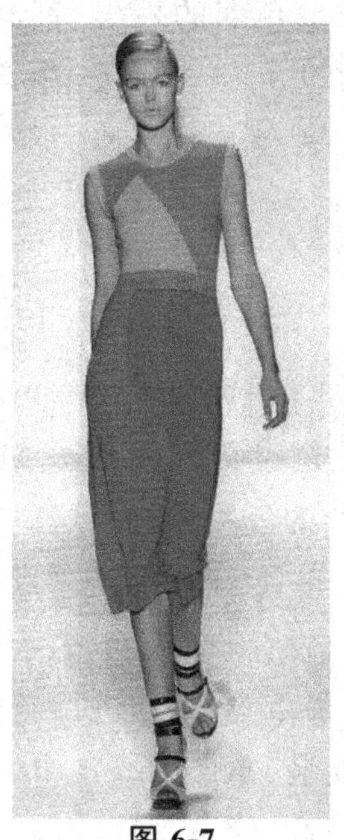

图 6-7

1.色彩协会

色彩营销集团和美国色彩协会是世界上最大的色彩营销协

会。这些团体的成员是色彩专家，代表了世界上最大的一些公司。这些组织会为其成员提供论坛，将他们集中起来讨论各种关于色彩的问题，其他行业的专业人员网络，交换信息，熟悉新技术，预测色彩的发展方向。在委员会中的工作是预测未来1～3年的各种行业，包括服装、运输、建筑、通信和绘图、玩具，还有纺织品。他们可能选择什么色彩，从冷调一些的到暖调一些的，亮一些的到暗一些的，色调纯一些的到灰一些的，以及对于一种色彩相对的重要性，这是确定色调方案的过程。

2.纺织财团

纺织企业财团，比如棉花委员会、羊毛局，还有人造纤维生产商都会根据他们自己的市场提炼初期的色彩预测。每一个这样的组织发布一个当下季节色彩的报告，都会为其服务的终端市场进行调整。全球面料展会大概在一个消费季到来之前的一年举行。纺织品生产商会在展会上展示他们的季节路线，预言也就在此时来到人们的生活中。

（二）色彩预测者

色彩预测专家比如 D Doneger Design Direction，Huepoint 和 The Color Box 为用户提供付费色彩服务。这些服务机构一般在一季的前18个月发布他们的色彩预测。这通常是在色彩营销集团和美国色彩协会等组织发布他们的预测之后的六个月以后进行的。这些额外的时间给这些机构一个机会去精练最初的色彩预测并且打破最初的预测而为各种市场、价位进行新的预测。通常一份订制的内容包括适合男装、女装、童装市场一年4～6项的预测，每次预测包括在一个统一的视觉主题下进行组合的5～9种色系。这些色彩通常用小束纱线或绒线来表现，简称量表。一些订购包括为一个公司复制量表，将其用于开发自己应季的色系。复制的量表也可以被用在色彩专题展示和个别咨询，个别咨询中的综合预测是针对开发商生意的特殊要求从而进行分析的。书面材料包括每一种色系所表明的如何产生调和的色彩并且确认每个色系最合适的市场。产品开发商订购这一服务还可以确定时间进行私人咨询，为了他们的市场来完成色彩预测的进一步说明。

就像流行一样，色彩预测也是一个进化的过程。色系是根据前一季的色系和下一季色彩的提示来确定方向的，伴随着每一季色系的选择，色彩的形态季复一季地不断变化。

色彩预测师 Alison Webb 认为色彩周期就像流行周期一样可以用钟形曲线图对其轨迹进行追踪。从色彩被采用，再到流行，它们的使用逐渐变得饱和，然后就变得陈旧过时，这一典型的色彩流行周期过程大约需要三年时间。色彩预测者知道何时一种色彩的素材被开发出来并且它是如何在整个市场发展的。他们会提出一系列问题。上一季市场上是这种颜色吗？它是如何饱和的？这一素材的确定是基于纯净的原色还是建立在不规则的、特别的色彩之上的。色彩的主题帮助消费者理解新色彩的重要性。色彩预测者们通过研究钟型曲线图的方法了解这些色彩在何处以及这些色彩向何处发展，从而形成一种视觉的节奏。大部分情况下，设计师，T 台和比较好的商场会最先接受新的色彩。一年以后新的色彩素材才会出现在大部分商场里。这就是为什么色彩流行周期通常要三年的原因。不管怎样，一些面向大众市场的企业以非常快速的采用最新流行色而引以为傲，尤其是当他们面向的是了解流行但是预算有限的年轻市场。在 1980 年初的调查行动中，法国色彩学家 Philippe Lenclos 总结得出这样的结论——色彩流行趋势往往受服装流行的影响，随着其他工业设计的进步，使得它们与那些色彩更加同步了。这使得美国色彩顾问 Leigh Rudd Simpson 的理论证实了色彩周期的同步化：当一种色彩进入流行并被消费者所接受，他们希望能在周围的室内、汽车、图形等设计中也看到这样的色彩。

别的色彩预测者通过发展中的技术和时代特征确定历史周期，把对某种色彩的喜爱和历史周期联系起来。Tom Porter 和其他人相信这种对明亮的、饱和的原色的使用预示着高尖端文化的发展。这些大量的饱和色彩因为新技术的发展而扩大了使用量。

(三)流行色预测的内容

来自世界各地的流行色专家共同商讨下一年度每季的流行色提案,然后研究消费者上一季度采用最多的颜色,并注意找出哪些是较新出现的、有上升势头的颜色。预测者分析消费者的心理与对颜色的喜好,并窥探消费者的内心,猜测下一季度消费者所喜欢的颜色,在充分讨论和分析的基础上,投票决定下一季度的流行色。

消费者的需求是最根本的时尚推手。从理想角度来看,大街上能有消费者喜欢的色彩商品,是有益于消费者的,但很多情况下,预测者观察到的色彩现象往往是消费者已经获得或者是可以买得到的色彩,预测者不能观测到普通大众希望购买到却没有购买到的着装色彩。专家所做的是归纳、总结和分析,消费者变成时尚强有力的推手,是市场重要的驱动力,流行色的预测也因此在纺织服装业中扮演了重要角色。这种预测的流行色可使在生活中感觉的流行色或印在纸上的流行色为纺织服装企业提供信息,及时生产出人们喜欢的流行色纺织商品。流行色的预测集中在色彩故事、气氛板的创作和表达过程中的技巧上,从而完整地梳理出流行色预测方案。这时预测者需要提高鉴别、分析、评估色彩的演变及演变方向和变化速度的技能,理解色彩故事的演化过程,确定色彩感情的延续方向。

流行色的内容包括以下几方面:第一是主题词,主题词是流行色每一色组灵感来源的说明,其文字要求简洁明了、生动准确、通俗易懂;第二是灵感图片,配合主题词而选用的彩色图片,用以形象地诠释流行色组的灵感;第三是色组,色组是流行色的主要组成部分,流行色的公布,一般以 3～4 组色彩主题组成下一个季度要流行的色彩,每一组主题又由 6～7 个色块组成,这些色块是从彩图中抽象获得的象征性颜色;第四是文字解说,对流行色的文字补充说明,包括具体颜色、组成的抽象或象征性意义(图 6-8)。

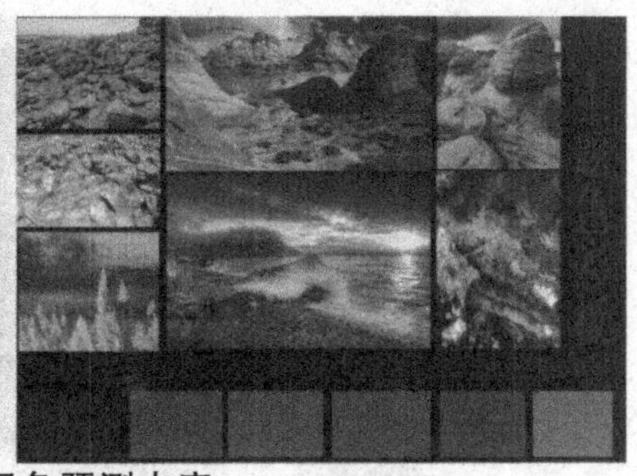

图 6-8　流行色预测内容

流行色在一定程度上对市场消费具有积极的指导作用。国际市场上，特别是欧美、日本、中国香港等一些消费水平很高的市场，流行色的敏感性更强，作用更大。流行色的应用也有一定的局限性，因为流行色变化的时间跨度太小，它适用于一些更新较快、相对比较便宜的服装，如 T 恤衫、女裤、女裙等服装；对于一些比较正规的高档西装和裘皮衣等服装，则不太需要考虑流行色，尤其是成熟男士正装、裤装色彩通常以深灰等基本色为主，在服装设计时很少考虑采用流行色。由于人的着装由多件构成，有时以流行色为点缀色来搭配基本色的服装，有时采用流行色作为整个着装的主导色，以取得相得益彰的奇妙效果。总之，流行色是客观存在于服装设计之中的，面对国际流行色研究机构发布的预测提案，我们需要结合具体地区、具体消费群体等实际情况来进行综合判断(图 6-9、图 6-10)。

图 6-9　2012—2013 年春夏女装流行色预测提案

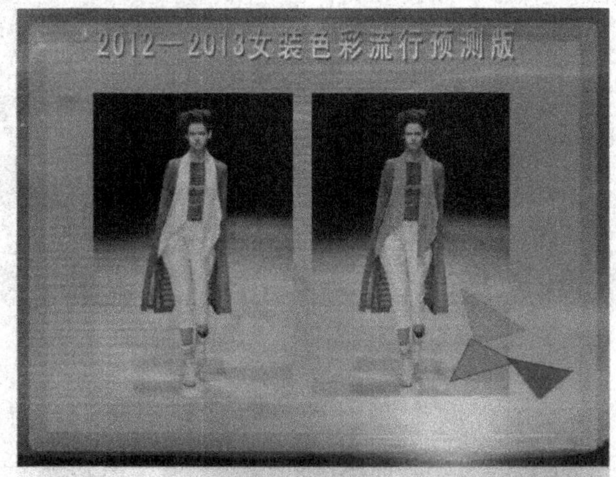

图 6-10　2012—2013 年春夏女装流行色预测提案

四、流行色的应用

研究、预测和发布流行色目的在于应用，流行色可以应用在人们生活的各种范围内。服装对于流行色是最敏感的。家具和汽车等流行色的使用可能维持很长一个时期，而服装则需不断地随季节和时尚潮流转换，色彩也随之变化。因此，服装流行色的变化速度最快。在国际市场上，同样规格和质地的服装，具有流行色的和色彩过时的价格可能相差数倍甚至几十倍，可见流行色的市场作用。有时,服装质地极好,但如果样式陈旧、色彩过时,就是打折再多,也少有人问津。

图 6-11　根据热带植物色彩发布的流行色主题

作为服装发展资讯的重要组成部分,流行色和流行趋势会直接影响到面料及服装设计的一系列问题,因而服装流行趋势和流行色备受国际、国内服装生产者和经营者的关注。在服装生产营销中,流行趋势和流行色是一种无形的力量,它刺激着消费者的购买欲望,并从中也提高了人们的文化品位和审美需求。目前,流行色已广泛涉及社会生活的各个领域。

流行色的研究与预测最初是以商业目的为动机的,但人的心理在客观上也起了引导流行的作用。当人们在世纪末意识到人类的生存环境越来越受到污染时,就选择了用色彩的形式振奋人心,所以 1999 年的服装流行色就反映得更加突出,如果想要在这一年穿得够流行,其表现就是将色彩勇敢地穿出来。

不同地区、不同年龄、不同层次的消费者对流行色的需求各有不同。为了满足不同消费者的需求，在研究和使用流行色的时候，还要注意避免以下几方面的问题。

(1)流行色的发布流于空洞。流行色的发布没有与人们的日常生活紧密结合起来。发布归发布，流行归流行。

(2)机械照搬流行色信息。有些经营者认为流行色卡是色彩权威组织机构发布的，即使如此，明明是完全按照其预测的流行色卡生产服装，却在市场上不很畅销，并造成大量产品积压。著名服装设计师迪奥(Christian Dior)曾说，流行是不能以理性去揣度的。那种认为完全依照发布的色彩流行趋势进行生产，服装肯定能畅销的想法与做法，不是绝对可靠的。

国际流行色卡的预测与分析，在宏观上对世界各国服装市场确有指导性，但它并不能概括所有国家或地区具体流行的色彩。虽说流行色组织机构在预测和推出新流行色时，已尽可能对流行辐射面与覆盖面作了充分的考虑，但世界泱泱之大，地域分布之广，民族种族之多，各个国家国情异同，决定了自身特定的氛围，从而在色彩的选择方面也带有特定地区的特色。即使是在同一国家，因地域的不同，对色彩喜好的倾向也存在着明显的地区差异。比如，我国北方地区色彩倾向偏于厚重、沉稳；南方地区色彩倾向则偏重明亮、鲜艳。在年龄上，最先接受和使用新的流行色的多为青年人；在性别上，女性反应得最为快捷，女青年比较关注新时尚，喜欢跟着潮流走，唯恐落伍。流行信息是情报和条件，但要运用好才会是手段，才是艺术，也才会创造实效。

作为经营者，在使用流行色卡时，不能视之为“万能”。把其色彩全部生搬硬套、不加选择地用到生产销售中，有时不仅不能对生产和消费起到正确的指导作用，反而误入歧途。每个国家都要将流行色的资讯“本土化”，每个城市、每个企业要再进一步的“本土化”。作为服装设计师和经营者要充分考虑到自身所处的时空位置，在采用流行色卡的同时，不能不更微观、更具体地预测本主销区的色彩流行趋势，只有这样，才能真正做到有的放矢。

图 6-12　根据海洋的色彩发布的流行色主题

在服装使用上，消费者早已摆脱了传统的、随大流的束缚，更喜欢在流行中显示独特魅力，穿出个性。目前，人们的服装及用品多来自市场而不是自制，所以，消费者对专家、厂家和商家对流行色预测的准确性提出了更高的要求。流行色必须随着时尚变化，满足各个层面、各个领域的需求。现代人更加注重生活质量，注重文化品位。人们在加快的生活节奏、繁忙的工作中，普遍喜爱穿着休闲装。流行色在休闲服的运用上最为普遍，并随着休闲服的发展而不断更新变化。由于各种流行色彩的应用，使各类格调优雅、多姿多彩的休闲装更加成为一种时尚，备受消费者的青睐。随着经济的发展，人们文明意识的提高，人文主义和人本思潮使人们对生活以及服装的美学价值观和实用功能观发生了很大变化。人们对服装并不一定要求名牌，但普遍要求舒适，造型、色彩美观。所以对于服装行业来说，在造型和流行色的设计上一定要适路；同时，现代人开始倡导爱护环境、回归自然、回归家庭，这就对流行色设计与应用提出了更高的要求。在 21 世纪，流行色机构迫切需要将现代科技工业、现代美学、经济知识融于一体，在流行色预测方面给予更深入的研究和更广泛的应用。

图 6-13 根据发布的流行色设计的民族式和休闲式服装

第三节 品牌服装的色彩与面料

服装色彩设计不是纸上谈兵的设计，纸上设计的色彩效果好不等于服装实际色彩效果好。面料材质的不同，所营造的色彩氛围也不相同。若想让服装有不同风格，就需仔细考虑色彩的素材质料。因此，服装设计师在进行色彩设计时，应该了解熟悉各类服装面料的染色性能和配色效果，以便能对已有的面料进行改造、加工，或是采用一些特殊工艺，以满足设计的不同需求。总之，一个好的服装设计师，对服装的配色应该有较高的修养和动手能力，这样才能在设计中不会因材料的限制而陷入窘境。

一、面料的色彩特性

棉织物具有良好的舒适性，色彩朴实自然，由于面料表面纤维的特性，棉织物色牢度不够，容易褪色，面料经过多次水洗后，色彩会大打折扣，色彩纯度和明度相对较低，所以不适合轻灰的颜色，通常色相清晰、饱和度高的棉织物适合作服装的面料。

麻织物也属于天然纤维，表面肌理较粗，色彩沉着、质朴，而且不易染色。较浅淡的、接近自然的色调更适合麻织物。

丝织物的光泽度较高，吸湿性好，手感细腻，又易于染色，色彩感觉柔软、华丽，浓、淡、鲜、灰皆宜。

毛织物有很好的保暖性与吸湿性，手感柔和。毛织物的色彩稳定、厚重，无论鲜、灰颜色都十分高雅。

化纤类织物防皱耐磨，可补充天然纤维的不足之处。色牢度好，能保持鲜艳的色泽。化纤织物经过处理后可兼有天然纤维面料的优点，色彩变化丰富，可有多种效果。

非纺织材料中，皮革或合成革，表面光亮，适合深暗色调或鲜艳色调，裘皮则容易产生柔和的色彩。随着染色技术的发展，皮革的色彩也越来越丰富（图 6-14、图 6-15）。

图 6-14 不同质感带来的色彩感觉

图 6-15　两种不同面料的服装色彩的不同感觉

二、色彩与面料肌理

服装的面料在加工制造过程中，通过纺织、印染及后整理等工艺可出现不同的表面效果，有闪光、变色、起绒、起皱、打褶、镂空、浮雕、透明、光滑、松疏等不同的肌理效果。

平滑而有光感的面料，色彩反光强、颜色极不稳定，对环境色及光源色有反射效果。特别在夜晚的灯光照射下能反射出迷人的华丽色彩。像软缎、罗缎等缎类织物及一些无纺面料、有金属性质的面料会出现这种效果，此类色彩效果适用于晚礼服、舞台装及表演性的创意设计。

粗糙而疏松的面料，因纤维、纱线和织法而表面不平整，使面料具有吸光、色彩稳定、厚重、朴素等特点。它们不容易因环境或光线的变化而改变颜色，如粗纺毛织物、麻织物、帆布、牛仔布、各种编织衣料。这类面料适合日常穿着的外套、工作服、休闲装。

透明的面料，质地轻柔中带有透明感，色相由于底色的变化而发生色彩混合，通过不同造型的重叠，多层色彩的搭配，可出现多层次的微妙变化。不同质感的面料给人的色彩感受也是不一样的。这类面料常用在婚礼服及演出服中，在日常装中也可局部使用。

绒类面料的厚薄及材料不同，其效果也不一样，总体上色彩既柔和又华贵。天鹅绒有光亮感，显得华丽；平绒色彩沉着，也较朴素；桃皮绒色泽朦胧、细润，色彩耐看。

有浮雕感的面料立体效果强，这类性质面料往往强调表面的起伏而色彩不宜多，以同种色或同类色为主。如绉类面料通过单一的素色可出现丰富的肌理，尤其与平面织物组合更显立体效果。它的特点就是色彩变化丰富又有自然的图案效果。

镂空面料就像通常我们讲的网眼面料，它不同于透明的面料。一般镂空面料总是依靠它的底色衬托出本身的造型。色彩一般要与底色形成一定的差异。镂空面料本身就是一种图案化的造型，应该是强调突出的部分，与之相配的其他材料、色彩不宜太花太艳，要有主次关系。

三、色彩与材质对服装风格的演绎

设计风格是设计师个性的体现，同时也隐含了一个时代的审美风格，它既不能脱离人去考察，也不能离开作品去考察。不同时代的设计作品都有其明显的特征。设计风格以设计师独特的意识和与之相适应的表现形式为面貌特征。服装设计风格是服装的视觉效果与精神内涵相结合的整体表现，从某种角度来说，色彩与材质对其影响较大。不同的色彩与材质赋予服装不同的印象和美感，随之产生形式各异的服装风格。在服装设计中，设计师应将色彩与材质的潜在性能和自身特点发挥到最佳状态，准确而充分地把握服装的整体风格。

（一）古典风格

古典风格以传统服装为代表，风格沿承古罗马、古希腊及19世纪巴洛克式的宫廷风格。它讲究品质上乘，不被流行元素左右，追求典雅而严谨、端庄而高贵的气质，这些都构成了古典风格的基本特征。

古典风格的色彩继承了传统色彩的稳重、高雅，多以低明度色调为主导色，如紫色、酒红、墨绿、深蓝、宝石蓝、棕色、卡其色、奶油色等，并以金色、黑色、深灰为辅助色。图案以古典纹样为主，如卷草纹、涡纹、螺旋纹、苏格兰条格等。面料选用传统的精纺面料、真丝类或丝绒类等高档织物（图6-16）。

图6-16　古典主义风格

（二）浪漫风格

浪漫风格始于19世纪浪漫主义文艺思潮和工艺美术运动的新浪漫思潮，它以追求自我的罗曼蒂克式梦幻和无限激情的幻想为基本特征，反对古典式的保守和理性化。服装多以轻盈柔和的线条和造型为特征，演绎着绮丽妩媚的浪漫情调。

浪漫风格的色彩以洛可可式的色彩为基调，以柔和的高明度色彩为主导色，如淡黄色、淡紫丁香色、薰衣草色、淡蔷薇色、淡粉绿色等，并配以银色、白色羽毛，珠花，刺绣等装饰物。面料多选用轻薄的纱、织锦缎、蕾丝、法兰绒、绉绸等，在淡淡的色调和柔和的线条中，营造一种优美飘逸的浪漫情结（图 6-17）。

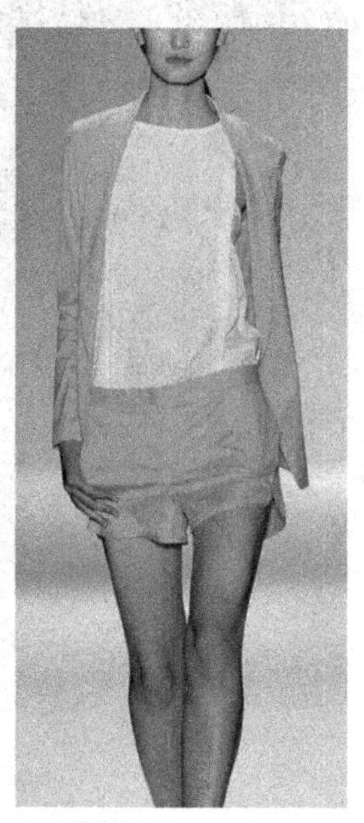

图 6-17　浪漫主义风格

（三）民族风格

民族风格承袭于东西方的民族服饰，是一个民族的文化传统、审美心理和审美习惯等在设计上的体现。人类的一切设计无不深深地打上了民族的烙印，民俗风情和民族个性精神成为各国时装设计师追捧的灵感源泉。随着时代的变迁，民族风格也不断注入时尚的理念和流行的元素，成为时尚中富有独特品位的服饰风格。

民族风格以神秘、艳丽的色彩为基调，如以大红、宝蓝色为代表的中国风格，以橘红、翠绿、金黄、橙色为代表的东南亚风格，以黄色、湖蓝、松树绿为代表的日耳曼民族风格，以糖果色、玫瑰红、紫红、砖红色、橙色为代表的非洲风格等。随着民族风格热潮的逐步升级，这些鲜艳夺目的色彩装饰在流苏、荷叶边、仿蜡染花卉、克什米尔饰边等图案中，材质上选用传统手工艺的朴素面料，融合民间装饰工艺，闪烁和营造着异国风情。

图 6-18　民族风格

（四）自然风格

20 世纪 90 年代后，自然风格备受人们的宠爱。因为人类长期忍受工业、噪声的污染，工作和生活的压力，开始向往轻松自然的精神状态，希望能够重温原始、单纯、质朴的生活环境，自然风格以它宽松的式样、朴素的色彩、天然的材料、清新纯朴的风格，满足了人们的心灵需求(图 6-19)。

（五）前卫风格

前卫风格源于 20 世纪初，它受野兽派、达达主义、波普、立体派等艺术流派的影响，以否定传统、标新立异为主导思想，追求新奇与反叛。它是对传统经典的挑战，是在不和谐的基调中寻找强烈的个性风格。

图 6-19　自然风格

前卫风格的色彩多以不协调的色调为主导，使用超出常规的配色方法，以怪异、夸张、卡通等手法来创造系列服装。通常利用现代科技手段，如渔网、透明塑胶、光亮的漆皮、破旧的牛仔、上光的涂层等，采用梦幻蓝、银、白、黑色、霓虹色等色彩，以撕破、镂空、做旧、毛边、扣钉等材质设计手法，把虚无、颓废的精神发挥得淋漓尽致，赢得了 20 世纪 90 年代后青年人的追捧。这种浮华而空虚的前卫风格服装曾经是影响时尚的主流（图 6-20）。

（六）优雅风格

优雅风格是在举手投足间不经意流露出的贵族般气质，是一种融入骨髓的雅致精神，具有娴美脱俗、温文尔雅的大家风范。

优雅风格的色彩以柔和的灰调为主导，如珍珠色、贝壳灰、暖鸽灰、灰紫色、藏蓝等。它在朦胧的灰底色中搭配清新柔和的高明度、低纯度色彩，如灰本白、灰粉红、淡灰黄等。在材质上，一方面强调使用高品质面料，如丝绸、缎、羊绒等；另一方面多以珠绣、滚花边等精致手工装饰手段，使服装每个空间都充满精致、包容、优雅的韵味（图 6-21）。

 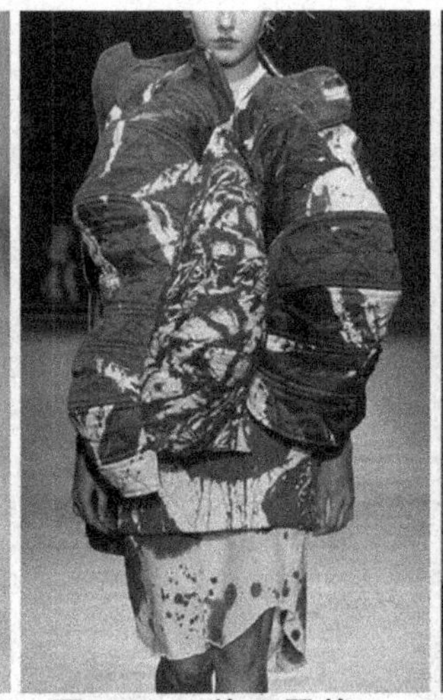 

图 6-20　前卫风格

图 6-21　优雅风格

第四节　品牌服装流行色彩应用实例

服装色彩素有“流行色风向标”之称。每年四大时装周上，国际知名品牌的发布会更是流行色预测机构密切关注的对象。

发布会上大牌的秀场表现，很有可能直接影响到下一季流行色的变化，这是流行色预测机构制定的色彩趋势走向市场的最后环节。

本节内容就是关于几个在国际时尚领域出类拔萃者，尤其在色彩方面颇有建树，堪称色彩设计典范的成功品牌的介绍。

一、MISSONI 品牌色彩设计案例

这是一个来自意大利的时装品牌，从 1953 年在地下室建立品牌工作室至今，已经走过六十多个春秋。

现在的 MISSONI 是世界公认的针织品牌，它创造了一种影响世界时装的风格，是一个家族以时尚和工艺表达完美爱意的特殊标志。迄今为止，MISSONI 的产品系列已经延伸至服装、香水、配件、家居等领域。

意大利 MISSONI 品牌之所以享誉世界，并有惊人的销售量，与其品牌的设计色彩是紧密相连的。以针织著称的意大利 MISSONI 品牌有着典型的意大利风格，像万花筒一般令人眼花缭乱的色彩，几何抽象图案及各种条纹是 MISSONI 的特色。优良的制作、有着强烈的艺术感染力的设计、鲜亮的充满想象的色彩搭配，使 MISSONI 时装不只是一件时装，更像一件艺术品（图 6-22）。

MISSONI 的风格大体是由色彩本身决定的，是一种对色彩纯粹简洁的应用。MISSONI 非常注重色彩的运用，色彩可以说是它每种设计、每种造型的基础，同时也是 MISSONI 的首要思维方式，因此，尽管 MISSONI 的服装色彩复杂，甚至有时候原本是相互冲撞的色彩，但混搭在一起总能呈现出和谐之美。它的服装可以在不同季节里与不同颜色的服装进行搭配，它那种似抽象画色彩般的组合具有现代意义，它把服装提高至艺术的形象，是艺术与针织的统一调和。色彩、条纹与针织的组合，令 MISSONI 在这个缤纷多彩的时尚舞台始终占有重要的一席之地。

图 6-22 MISSONI 品牌服装

二、Dior 品牌色彩设计案例

Dior 品牌的成功和享誉世界，与其服装的设计，特别是色彩的大胆和谐的运用是密切相关的。

从 Christian Dior 先生在 1947 年创立的“New Look”风格的惊艳亮相，这个可以称得上是时尚界领头羊的时装品牌，不断地给人们创造着惊喜。Christian Dior 先生开创的 Dior 品牌，不仅在时装的廓形和材质的设计开发上成绩卓著，在色彩设计领域也为国际时尚领域作出了巨大贡献。

Dior 秉承了法国女装优雅奢华的高贵路线，采用大量华丽高档的上乘面料，做工精良，迎合了上流社会女性的审美品位，在法国具有很高的地位。

Dior 是时装界“华丽色彩风格”的缔造者，它给时尚界带来了更多缤纷夺目的色彩。正如 1947 年的第一场发布会一样，金色、酒红色、宝石蓝、孔雀绿……这样绚丽的色彩风格一直在 Dior 品牌中贯穿始终。当然，因为在国际时装界的显赫地位，Dior 经常会被国际流行色预测机构邀请，参与流行色的制定。Dior 品牌在发布会上的表现，也会被很多流行色机构关注。比如，在英国设计师约翰加里亚诺担纲 Dior 设计总监期间，他曾以埃及图坦卡门法老墓出土的文物作为创作灵感，创作了一场令世界瞩目的金色主题发布会，在这场发布会后，“金属色浪潮”席卷全球；2006 年以“赤裸”为主题的春夏发布会上，加里亚诺让模特们穿上了裸色服装，服装的下摆晕染出或紫或黄或绿的缤纷色彩，与以往发布会主题的艳丽的色彩相比，素雅了许多。在这以后，裸色、渐变色在国际时装领域开始大行其道，风靡全球（图 6-23、图 6-24）。由此可见 Dior 在时装界的无人能及的影响力。

图 6-23　John Galliano 设计 Dior2004 年春夏高级时装

图 6-24 John Galliano 设计 Dior2006 年春夏时装发布

三、范思哲品牌色彩设计案例

创立于 1978 年的意大利知名的奢侈品牌范思哲(Versace),就如它的品牌的标志——神话中的蛇妖美杜莎(Medusa)一般,Versace 有着致命的吸引力,其时尚产品渗透了生活的每个领域,其鲜明的设计风格,独特的美感,极强的先锋艺术表征让它风靡全球。

拥有意大利血统的范思哲崇尚本国历史,痴迷意大利文艺复兴时期的艺术。他的作品中那些充分展示文艺复新时期特色的华丽款式,充满了想象力。那些款式性感、漂亮,女性味十足,色彩鲜艳,既有歌剧式的超乎现实的华丽,又能充分考虑穿着者的舒适性并恰当地显示体型。丝绸与皮革,是范思哲作品中常见的素材,借由这充满意大利风情的面料,范思哲尽情挥洒着自己精妙绝伦的色彩感觉。

范思哲善于搭配各种颜色和拼接错综复杂的图案，他将浓郁艳丽的色彩、细密华贵的图案幻化成令人不可思议的混合体，有时如动物的皮毛，有时如霓虹般斑斓，有时又如金属般富有色泽，创造了无数出人意表的华美意向（图 6-25）。

范思哲一直认为，时尚必须愉悦身体与视觉，容不下任何造作。他在意大利式实用和功能化风格之中融进了自己的性感与华丽，打上了自己的鲜明标记。范思哲式的性感，风情更明显地表现在休闲类裤子的设计中，宽松的便裤，紧身的锥形裤、护腿和其他裤子，加上范思哲式瑰丽华美的色彩与图案，成为一次又一次流行的源头。作为设计师牛仔品牌中唯一标明是高级牛仔的品牌，范思哲的牛仔品牌系列 Versace Jeans Couture 采用印染纯净的黑、白、红、黄、蓝等花哨的牛仔布料，另外还有印花、羊皮、鹿皮等。其牛仔裤形强调以人的体型为宗旨，用金色缝线，美杜莎形象的纽扣，装订，金色皮带扣，大量的珠子，华丽的风格，完全可

图 6-25　2013 年 Versace 春夏女装

以与娇艳的高级时装相媲美。范思哲旗下的二线品牌 Versus 和童装品牌 Young Versce 同样秉承着范氏的华丽风格，色彩明朗艳丽，是同类产品中的佼佼者。

1997 年 7 月，范思哲命丧豪宅门前，时尚界的一颗巨星陨落了，被他视为灵感缪斯的妹妹多纳泰拉继承了哥哥的衣钵，1998 年领衔在米兰的 1997/1998 秋冬成衣展示，人们看到了范思哲一贯风格的演绎，既含蓄又外露，在理性与感性之间表现女性的精致美感。詹尼虽去，而 Versace 不死(图 6-26)。

图 6-26　范思哲高级定制 2012 年春夏女装

四、KENZO 品牌色彩设计案例

KENZO 创立于 1970 年的法国巴黎。来自日本的设计师高田贤三先生，KENZO 的主人，被誉为“时装界的雷诺阿”、“色彩魔术师”。他具有极强的色彩驾驭能力，在服装设计中，高田贤三用色十分大胆，经常将几十种甚至上百种色彩搭配得错落有致，比例恰当，毫无杂乱感。这种非常奇特的用色方法，也构成了KENZO特殊的色彩形象，显示出独特的品牌魅力。

高田贤三将骨子里的东方审美意识运用于现代服装设计中，作品中总是充满着神秘瑰丽的东方色彩。

他在作品中采用大量和服的造型和面料，鲜艳亮丽的红、绿、橘、黄、紫等高纯度色彩混搭的配色方式更是KENZO独具的特色。高田贤三的设计善于用以往传统时装里很少用的纯棉衣料，不仅将其用于春夏装，亦用于冬装，曾被誉为“棉布诗人”。他喜欢用比面料鲜艳的色彩来表现衣服里料，用两种以上的色彩进行色彩搭配，对高纯度的色彩更是情有独钟。他偏爱花卉图案、大型花朵和小碎花以及蜡染图案，活泼花哨的面料打破了传统欧陆风格的那种素雅、沉静，印花与条格的面料频繁地出现于KENZO的高级时装上，其图案和色彩之大胆、鲜艳为世人所称道。

自称“艺术的收藏者”的高田贤三，是一个艺术品收藏家。对艺术的热爱，也成为他灵感的源泉之一，如受莫奈画作《睡莲》的影响，他设计了以睡莲为图案的马甲和套装。从日本和服的图案，中国的传统纹样，到非洲土著的图腾，南美洲的印第安人，土耳其宫女，西班牙骑士的服装元素，他像一块“艺术海绵”一般从各种文化各种题材中汲取养分，再通过自己天才的创造力，将这些艺术素材幻化成充满趣味和春天气息的五彩斑斓的作品。

因为对色彩的娴熟运用，在高田贤三的设计中，几乎看不到单色套装的影子。高田贤三只生产单件的服装，他希望消费者有选择搭配的自由，打破了套装的着装方式和搭配方式强加于消费者的做法，向高雅的巴黎传统挑战。

2000年，在高田贤三退役后，他的继任者安东尼奥·玛哈斯依然将KENZO精神继续发扬光大。2010年KENZO在伦敦的维多利亚 & 阿尔伯特博物馆（V&A Museum）举行40周年庆典时装秀。安东尼奥·玛哈斯延续了KENZO的精髓——东方的神秘和西方的冶艳。身着各式非洲风情的雪纺连衣裙的模特们，头裹围巾，天鹅绒质地的面料上印着日本的樱花图案；各色艳丽的花卉与条纹图案，再次凸显了 KENZO 的色彩风格。KENZO 40 周年庆典秀画上了一个完美的句号（图 6-27、图 6-28）。

图 6-27　高田贤三作品

图 6-28　KENZO 40 周年庆典时装秀

五、安娜·苏品牌色彩设计案例

安娜·苏(Anna Sui)的品牌事业开创于1991年,这个有着二十多年历史的品牌,凭借着妖艳的色彩,复古而又绚丽奢华的设计风格,已经拥有了一大批忠实粉丝。从1991年成功举办的安娜·苏首次发布会开始,"紫色"便成为安娜·苏的形象色彩深入人心。深浅不同的紫色、玫红色,带紫味的红色以及蓝色、黑色是安娜·苏最喜欢用的颜色,故被认作最具有代表性的品牌色。这些品牌色涵盖在安娜·苏通过各种主题营造的浪漫和梦幻之中,是品牌的灵魂色彩(图6-29)。就连安娜·苏的官方网站,也以充满神秘高贵气质的紫色调装饰为主。

图6-29　安娜·苏作品

凭借着对色彩与流行的敏锐触角,短短几年时间安娜·苏便在时尚圈里站稳了脚跟。1996年,她在东京设立亚洲第一家精品店,在日本掀起一股紫色旋风。精明的日本人从安娜·苏的风格中看到了商机,伊势丹集团最终与其达成协议,授权艾伦比亚公司研制安娜·苏品牌化妆品。1998年,安娜·苏化妆品正式在日本诞生。

安娜·苏的彩妆,除了色调大胆,其独特的配方也赢得了众多消费者的青睐。除了色彩与质感,安娜·苏彩妆最令粉丝疯狂的是那精致奢华、优雅独特的黑色雕花容器。安娜·苏选择以代表强烈欲望的紫色来包装其化妆品系列,以暗紫色为主色的包装,周围布满了红艳的蔷薇,像极了20世纪70年代妩媚的粉盒;透明面版中闪烁着各色蔷薇图腾的眼影盒;还有漆黑色瓶身周围与顶端绽放着一朵娇艳欲滴、永不凋谢的黑色蔷薇的睫毛膏与口红盒。安娜·苏深具收藏价值的化妆品包装,就算是静置着,都如同艺术品般值得收藏。

安娜·苏一直以来都是秉承着波西米亚风格,自由的流浪嬉皮风从来是T台上的主打旋律,尽管她每季的灵感来源都千奇百怪,但最终呈现出来的永远离不开流苏、印花和紫色这三种元素。2014春夏安娜·苏的灵感是英国绘画史上的摇滚明星——拉斐尔前派,还掺杂着设计师前不久的印度尼西亚之旅带来的感触,将金色王冠戴在巴厘岛舞者的发上,设计师的灵感十分意识流,将东方的具象植物纹样与西方的抽象几何纹样混在一起,金色的刺绣和古波斯长袍,蝴蝶形状的项链与无处不在的流苏,整场秀就像是一场高雅的嬉皮游行。

在跨界设计流行的今天,安娜·苏也积极参与其中。2011年秋冬纽约时装周安娜·苏女装发布会上,ANNA SUI For Hush Puppies 1958系列伴随着森林小精灵的迷幻舞步,呈现出时尚界前所未有的创造之旅。虽然安娜·苏与Hush Puppies风格迥异,但素有“魔幻绚丽缔造者”的安娜·苏以独特的魔幻色彩诠释了1958系列。Hush Pappies 1958限量版女鞋系列运用了安娜·苏品牌的标志性的紫色与黑色基调,跳跃的色彩碰撞使整款鞋呈现出别样的华丽复古情调。

安娜·苏的产品无论服装、配件还是彩妆,都能让人感觉到一种色彩震撼。时尚界因此叫她“纽约的魔法师”。她最擅长从纷乱的艺术形态里寻找灵感，作品尽显摇滚乐派的古怪与颓废。在崇尚简约主义的今天，安娜·苏逆潮流而上，后现代与波希米亚风格相融合，自成一派。

可以说安娜·苏是业界又一个成功的色彩营销案例。

第七章　服装色彩企划与品牌服装色彩搭配

服装CI系统是推动服装企业走向成功的现代化经营战略，是成功地开拓市场的利器，是创造品牌的有力手段，是企业可持续发展的基本战略。CI被称为赢得市场与顾客的战术法宝，它给企业带来了无形资产。CI可以帮助企业树立企业和产品形象，提高消费者对企业的认知程度。一个成功的品牌必定是运用了鲜明的色彩来表现企业品牌个性，掌握服装色彩的企划原理，正确地制订配色的方案，巧妙地利用色彩对品牌或商品进行营销定位，有利于新兴品牌快速取得知名度，也有利于老品牌重新焕发生机。品牌服装在色彩的设计处理与搭配上通常会根据品牌自身的风格定位，确立与之相吻合的色彩基调。

第一节　服装色彩企划与配色方案

一、服装企业CI文化特征

（一）CI的含义

CI是英文corporate identity的缩写。其定义是将企业的经营理念与精神文化，运用整体传达系统（特别是视觉传达系统），传达给企业内部与社会大众，并使其对企业产生一致的认同感或价值观，从而达到形成良好企业的形象和促销产品设计的系统，是现代企业走向整体化、形象化和系统管理的一种全新的概念。

（二）服装CI的特征

（1）服装CI系统即服装企业形象识别系统，是服装企业大规模化经营而引发的企业对内外管理行为的体现。当今国际服装市场竞争愈演愈烈，企业之间已发展为多元化的竞争。服装企业要想生存必须从管理、观念、形象等方面进行调整和更新，制定出长远的发展规划和战略，以适应市场的发展。

（2）服装CI系统的实施，对内促使服装企业的经营管理走向科学化和条理化，对外提高服装企业和服装产品的知名度，增强社会大众对企业形象的记忆和对企业产品的认购率。

（3）服装CI设计对其办公系统、服装生产系统、管理系统以及服装营销包装、广告等系统形象形成规范化的设计和管理，由此来调动企业员工的积极性和参与企业的发展战略，帮助企业在服装行业中脱颖而出，创造出名牌的效应，占有服装市场。

（4）服装CI设计系统以企业的定位或企业经营理念为核心，对企业内部的管理、对外关系活动、广告宣传等进行组织化、系统化、统一化的综合设计，使企业以一种统一的形态显现于社会大众面前，产生良好的企业形象。

（三）服装CI系统的构成

服装CI系统是由服装理念识别（MI）、行为识别（BI）、视觉识别（VI）构成的。

（1）服装理念识别（MI），是确立企业独具特色的经营理念，是企业经营过程中的设计、科研、生产、营销、服务、管理等经营理念的识别系统。是企业对当前以及未来的一个时期的经营目标、经营理念、营销方式的营销形态所作出的总体规划和界定。

(2)服装行为识别(BI),是企业实践经营理念与创造企业文化的标准,对企业动作的方式所作的统一规划而形成的动态识别系统,它以经营理念为基本出发点,对内是建设完善的组织制度、管理规范、职员教育、行为规范和福利的制度。主要包括干部教育、员工教育(服务态度)、电话礼貌、应接技巧、服务水准、作业精神、生产的福利、工作环境、内部营缮、生产设备等;对外则是开拓市场调查、进行产品开发、通过社会公益性文化性的活动、公共关系、营销活动、流通对策、代理商、金融业、股市对策等方式来传达企业理念,以获得社会公众对企业的识别认同的形式。

(3)服装视觉识别(VI),是以企业的标志、标准字体、标准色彩为核心展开的完整、系统的视觉传达体系,是将企业的抽象语意转换为具体符号的概念,塑造出独特的企业形象。视觉识别系统分为基本要素的系统和应用要素的系统两个方面。前者主要包括企业名称、企业品牌的标志和标准字体、企业专用印刷字体、企业标准色、企业的造型、象征的图案等。后者包括事物用品、办公器具、设备、招牌、旗帜、标识牌、建筑外观、橱窗、衣着制服、交通工具、产品,等等。

服装的色彩应与企业的代表色有关,可以采用企业的标准色做主色,也可以将标准色做辅色或点缀色。如果标准色不适合做主色可以改变其明度、纯度或选择标准色的近似色。也可大胆采用与标准色无关但是与企业整体色调协调的颜色,而将标准色运用于配饰、徽章等较小面积上。

二、选择切实可行的配色方案

服装是由色彩、材料和款式三大元素共同组成的,三者缺一不可。俗话说“远观色,近看花”人类视觉对物体的第一感觉就是色彩。服装色彩也是完善服装个性及风格的重要途径(图 7-1、图 7-2)。

图 7-1 服装色彩的展现(一)

图 7-2 服装色彩的展现(二)

(一)服装企业成衣色彩设计的特点

成衣是按照标准号型成批量生产出来的衣服,其设计是针对群体共性的需求,不能顾及个体的要求。设计产品的程序是规范化的,生产是批量化的、工业化的。

成衣设计伴随的经济价值远远高于定制的衣服,企业投入的资金、承担的风险都很大。因此,企业在决定生产之前要精心地进行产品的规划及销售的预测,以免作出错误的决定,造成巨大的经济损失。在销售过程中要随时分析售卖的信息以便正确地追加货物,销售过后还需认真地评价,吸取成功和失败的经验。这就决定了服装色彩设计的基本工作内容。要准确地预测新一季的色彩,合理地计划商品色彩的配置与比例,适时进行色彩计划的调整,客观地评价色彩计划的效果。

成衣的贸易流程长,所以在服装业比较发达的国家和地区,品牌成衣企业从纺织、染色开始的色彩计划工作在成衣推出的前两年就开始了,设计主体和生产的准备是在一年至六个月前确定。

(二)服装企业色彩的选定计划与实施

成衣的色彩总体计划是对产品色彩的预测、投入、产出与销售全面系统的规划。一个正确的色彩的计划,为产品制定出一条清晰的色彩的路线,使生产、销售有序地进行。

服装作为一种时空艺术,依存于各种的信息来展开设计、生产、销售等一系列的经营活动。能否及时地掌握信息、能否有效地利用信息,在资讯传媒高度发达、市场竞争异常激烈的当今,直接关系到品牌的生死存亡。

服装信息的分类分为业内资讯、市场资讯和流行的信息。

业内资讯主要指服装行业乃至整个时尚产业内的流行的资讯。来源于时装发布会、流行色的发布会。国际和国内的流行色协会通常会提前 18 个月公布流行的预测信息,将其提供给业内企业。国际流行色委员会是非盈利机构,是国际色彩趋势方面的领导机构,也是目前影响世界服装与纺织面料流行颜色的最权威机构。

这一机构每年召开两次色彩专家会议,制定并推出春夏季与秋冬季男、女装四组国际流行色卡,并提出流行色主题的色彩灵感与情调,为服装色彩设计提供新的启示(图 7-3)。

图 7-3　流行色发布色卡

市场资讯是指某一特定的品牌所选定的目标市场在某一阶

段的消费特征。此类信息主要通过市场调研的方式获取。市场调研是服装企业有效地利用信息情报展开营销活动的基础，对企业的生存发展影响重大。市场调研的方法有访问法、观察法、实验法。

服装企业应尽可能地收集服装色彩方面的有关信息，信息越多越详细，对市场的把握就越准确。例如，企业的销售状况、消费者的消费倾向、社会的生活动态、媒体宣传的时代精神导向、文化艺术风尚等，生活中各个方面的变化都可能影响到色彩的流行，新的设计是在对这些信息分析的基础上展开的。

(1)信息的分析。服装流行信息的收集通过一定的表达方式体现出来，色彩及面料指用图示＋文字的形式表现材料、质感、图案、纹样等新一季的色彩、面料特征。并结合本企业品牌的市场定位和设计风格，对收集的信息进行分析整理。服装企业在配色时一定要结合本企业品牌的市场定位和设计的风格，对收集的信息进行分析和整理。

(2)确定设计的概念。根据上述分析和研究，由设计师提出下一季的设计概念，其中包括色彩的主题，与企业的领导及相关部门共同讨论、修改，确定出企业的色彩预案。

(3)设计的实施。根据企业品牌目标顾客的嗜好、倾向选定主题的代表色并做出系列的配色计划。品牌服装在色彩的处理上通常会根据品牌自身的风格定位，确立与之相吻合的色彩的基调。这是确立一个品牌符号系统的重要步骤。服装设计的配色是十分复杂的，尽管从理论上来讲是属于好的配色，但实际运用到服装上，有时达不到预想的效果。原因在于服装色彩的效果是在面料性能以及表面肌理所营造的个性风格之上体现出来的，如果服装配色脱离了面料这一因素，那么配色就是纸上谈兵。在商品企划的过程中，多数品牌将色彩分为基本色系和流行色系两大类。

所谓基本色系，就是指能体现本品牌一贯风格的色彩基调，如 Chanel(香奈尔)品牌以黑、白、粉、红、蓝等为基本色(图 7-4 至图 7-6)。

图 7-4　Chanel 时装作品(一)

图 7-5　Chanel 时装作品(二)

图 7-6　Chanel 时装作品(三)

基本色系是商品企划在服装总体设计中相对稳定的部分，是针对本品牌的定位消费人群的审美倾向而做出的色彩界定，是区别其他品牌的主要识别符号之一，体现本品牌的个性魅力、风格形象的有效途径。基本色系的确定一般由两大因素促成：其一，基本色系的确定与本品牌定位人群的衣着消费习惯、审美方式中色彩的选择行为相符合；其二，基本色系的确定与本品牌定位人群所对应的着装形态、着装方式相符合。

流行色系又称为流行主题色，是品牌商品的企划者根据流行趋势适时推出的、符合本品牌风格以及被人们广泛认同的色彩系列。在衣着方式越来越个性化的今天，流行色早已不再局限于单纯的色彩，而是以主题色彩形成的一组或多组色彩。以便于各种风格不同的品牌通过选择，重构出自己的流行主题色系。根据流行现象的同步与分流规律（在同一时期存在不同的流行潮流，统一流行潮流在不同的时期、不同的人群中的变异和转化），服装流行色即使在同一流行趋势下，仍然具备体现不同品牌服装色彩倾向的分流特征。

（4）确定面辅料，制作样衣。样衣的色彩应该是主题代表色。如需修改，则要各部门讨论、修订。

（5）展示订货。自行举办或参与行业的服装发布会、订货会，接受批发商、零售商的订货。

（6）商品的色彩计划。当订货的数量决定某一系列产品可以投产的时候，要根据订单指定生产的计划。如果是自营品牌，商品色彩计划的责任就比较重大，企业要召集各相关部门共同研究首批货的色彩配置比例，具体生产的数量，然后交由采购生产部门执行。

（7）销售设计。商品上市后要保证设计意向的准确传达。所以，专卖店、专柜都要根据商品展示的需要进行统一的陈列设计，使色彩的搭配能充分展示商品的气氛与品味。

（8）信息反馈。新商品销售开始后，要及时掌握销售情况，并要留心收集其他类似品牌的售卖动向，以便及时、准确地制订货物追加计划。同时,要将消费者对商品的评价、售出的款式和色彩等做出详细的记录。

(三)服装商品色的配置

商品色是在被销售商品上所使用的颜色。

服装上的商品色可以分为主导色、点缀色、常用色。

主导色是在新季节中能够卖得好的颜色。点缀色是为了衬托主导颜色而实际使用量很少的颜色;常用色是一些极少受流行的影响、长年被使用的颜色,如黑色、白色、米色等(图 7-7)。

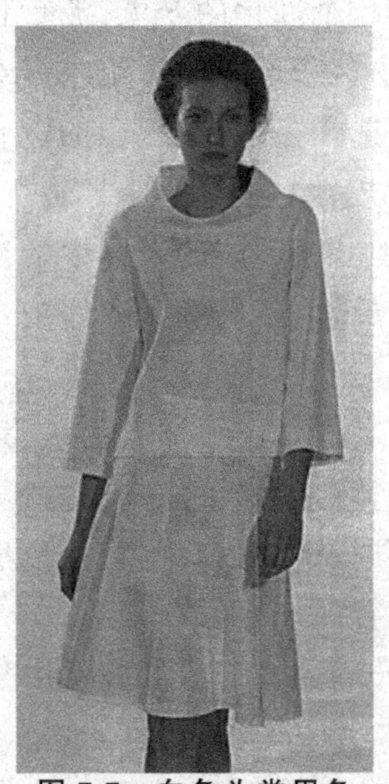

图 7-7 白色为常用色

服装企业根据流行色来确定自己的主导色,上市的衣服以这些色为主。主导色是企业认为可能畅销的代表新的产品形象的若干色,这些色在销售上往往有较大的差别,所以应该多配那些能适应多数消费者的颜色,少配那些适应面窄的颜色。例如,COME GIN(襟牌 时尚·邓达智)由以香港顶级服装设计师邓达智先生为首席的设计团队设计,色彩表现品牌形象色:红色为主,黑色和银灰色为辅。产品基本色：黑色、白色、藏青色、卡其色、咖啡色。产品主导色：以欧洲最新的流行颜色为主导。

点缀色一般运用于服装饰品、印染图案或配穿的里层的衣服。因为是配色，所以色彩是根据主色的调和而定的，它们可以使主导色引人注目（图 7-8）。

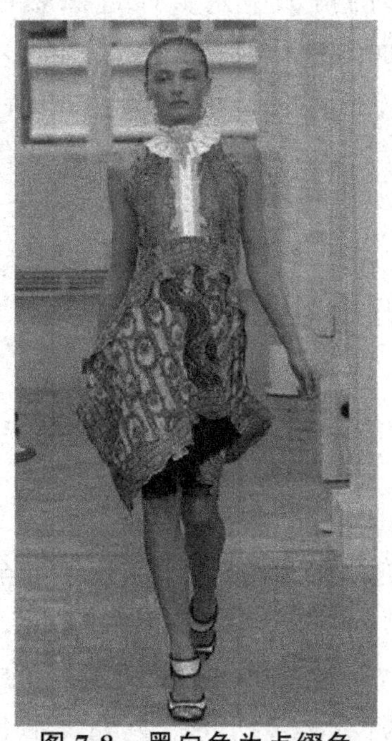

图 7-8　黑白色为点缀色

商品的配货量宜少不宜多。常用色中白色较多用于衬衣，黑色、藏蓝色、米色多用于裤子。这类色常用于基本款式，常常能够跨季节跨年度销售。企业在计划商品色时只要抓住这些常用色，即使主导色的预测失误，也能保证一年的销售额。

企业采用流行色的商品是高风险的，往往是流行期一过就再也没有人买了，所以初期投放不能仅凭推断，量可以少些，而在后继追加高效率。在没把握的情况下宁可少卖，不要积压，因为严重积压的往往是那些曾经热销的颜色的衣服。

第二节　服装色彩的对比与调和

色彩的审美价值来自色彩的对比。色彩对比是指色彩之间的比较，在服装色彩的搭配中主要通过服装色彩的对比，即从色相、明度、纯度三方面来逐一分类比较，了解形成和谐色彩关系的法则。根据对服装不同配色类型的理解，服装色彩搭配就会有章可循，每种类型产生的视觉效果和情感语言各有不同，我们可以综合运用。

一、服装配色的色相变化

我们常把色相比作色彩外表的华美肌肤，体现着色彩外向的性格，因而，色相的变化是服装色彩设计的灵魂。以色相为主的服装色彩组合，在色彩搭配时一定要有一个整体协调的意识，因为它们都是为一个主旋律服务的，这样颜色才不至于显得杂乱无章。

色相之间的差异是构成色彩对比的关键，在色相环上距离越近的色彩共性越多，对比也越弱；距离越远的色彩，共性越少，对比也越强烈。色相弱对比包括同一色和类似色，这类色彩的色相差别小，搭配起来含蓄雅致。但由于对比弱，又容易显得过于单调和呆板；中差色相差别适中，属于色相中对比，色彩差异增强但又不是非常对立，这种色相的搭配最易达到和谐的效果；色相强对比搭配又细分为：对比和互补，这一类色彩的对比效果强烈，具有较强的视觉冲击力，但也需要合理的搭配，否则容易造成不协调、不统一。

（一）同一色相、类似色相搭配

1.同一色相搭配

同一色相是在色相环上的距离角度15°左右的色彩，利用这样的色彩关系进行色相搭配，该搭配方法是所有配色技巧中最简单易行的。因色相单纯，效果一般极为协调、柔和，用同一色相的服装进行搭配，是最保险的搭配法则，虽然不够显眼，但也绝不会出问题。所以对于不大会穿着打扮的人来说，这可以是一种比较简便可行的衣着配色方法。同一色在运用时应注意追求对比和变化，可加大颜色明度和纯度的对比，使服装色彩丰富起来。同一色色相主调十分明确，是极为协调、单纯的色调。它能起到色调调和、统一，又有微妙变化的作用。

同一色相中色彩与色彩之间的明度差异要适当，相差过小、太靠近的色调容易相互混淆，缺乏层次感；相差太大、相比较太强烈的色调易于割裂整体。同一色搭配时最好深、中、浅三个层次变化，少于三个层次的搭配显得比较枯燥，而层次过多易产生烦琐、涣散的效果。同一色相中无论是二色相配，还是三色、多色相配，它都是最妥当的配色方法，各个色彩之间的差别只存在细微的明暗或纯度变化。在选择同一色搭配时，所用颜色的明暗、深浅度不应太靠近，否则配色效果缺乏活力；色阶大、色差明显的配色，较有活泼感。同一色搭配是色相对比中最弱的对比，效果单纯，也容易呆板单调。为了避免同一色搭配过于单调，可选择同一色系中略有深浅明暗及鲜浊变化的配色来改善过于单调的视觉效果。另外，巧妙运用同一色相面料的不同质感也可起到很好的丰富作用（图 7-9）。

2.类似色相搭配

在色相环上距离角度在 45°左右的色彩叫类似色。和同一色相一样，用类似色作为服装的配色选择，也是非常协调的搭配。这两种配色方式是最容易达到和谐效果的。

两个比较类似的颜色相配，如红色与橙红或紫红相配，黄色与草绿色或橙黄色相配等。虽然比同一色相对比属于色相的弱对比。类似色服装搭配因色相相距较近，也容易调和，而且色彩的变化要比同一色丰富。类似色在运用时，同样应注意加强色彩明度和纯度的对比，使类似色的变化范围更宽、更广。例如，玫红与紫罗兰、翠绿与湖蓝的搭配，给人一种春天的感觉，整体感觉非常有朝气，是充满生机的色彩组。

图 7-9　同一色相、类似色相服装作品

（二）中差色相搭配

在色相环上距离角度 90°左右的色彩叫中差色，如绿色与蓝紫色，两个距离不远也不近的颜色，两种色彩都含有相同的蓝色基因，色彩性情既不类似又不属于强烈对比，色彩之间有一定的差别（图 7-10）。中差色的特点是色相差别适中，属于色相中对比。中差色相的搭配由于色相差异增大，这样的配色使得服装色彩丰富而又和谐，很多艺术范儿的人喜欢这样的配色。

图 7-10　中差色相服装作品

(三)对比色相、互补色相配色

1.对比色相搭配

选用色相环中角度在 120°左右的颜色搭配可以构成对比色配色,色彩之间毫无共同语言。例如,黄与蓝,橙与紫等,视觉效果饱满华丽,让人觉得欢乐活跃,容易让人兴奋激动,是赋予色彩表现力的重要方法(图 7-11)。

对比色搭配是审美度很高的配色。总体视觉效果强烈兴奋,其色调变化多,给人以明朗、不安定感、活跃感。若搭配不当,则颜色间相互排斥,会让人产生一种恶俗感,为了避免流于低俗,服装配色时要注意对比色彩的调和与统一。

使用对比色搭配时,可以通过处理主色与次色的关系达到调和,具体协调方法如下。

图 7-11　对比色相的服装作品

(1)用无彩色系或独立色来间隔。在设计中有时色彩对比过强会使设计显得生硬呆板，在相互对比的二色之间插入中间色，改变其色调的节奏，巧妙地运用黑色、白色以及灰色调的穿插，能使服装对比色调过渡更为自然，对比色彩之间就不会再产生冲突，色调也变得丰富和耐看起来。同时，运用金、银等独立色将对比色间隔开，也是使对比色组合后达到协调统一的极有效的手法。为对比色双方配以少量的金、银色或加入金、银色饰品的运用，服装搭配会发生根本的变化，对比色彩之间会由对立关系转为相互影响、彼此照应的关系。但金、银装饰的比例应在 1∶10 到 0.5∶10 左右，少而集中，否则效果就会流俗。

(2)调整对比色的面积、分散对比色的疏密形态。对比色在面积较大而均等时往往对比最为强烈，服装配色时可用不同的面积来协调对比色。选用对比色时，尽量避免相同面积比重、对比色块相同间距的搭配，在配色面积上采用一大一小，在分散形态上采用一聚一散等方法都能产生明显的主次关系，有效减缓对比色的激烈碰撞。

对比色相搭配要达到和谐可采用配色双方分别点缀对方的色彩搭配。在对色彩没有把握的情况下，应尽量避免选择补色进行服装搭配，而可改选直径偏左或偏右的颜色。

2.互补色相搭配

互补色对比是色彩之间呈现直接对立的最强烈状态，即色彩对比达到最大的限度，一般在色相环上正对180°的颜色对比，如红色与绿色搭配就是互为补色的搭配关系，视觉效果强烈刺激。互补色组合的色组也属于对比色，它是对比色中效果最强烈的。但这种互补色搭配的魅力在于其使观者在很短的时间内获得一种深刻的色彩印象，让观者的视觉体会从刺激、兴奋到活跃、生动、饱满等感受的变化。这种反其道而行之的色调组合，比一般的色彩搭配更能调动和感染观者的情绪，如果互补色搭配不当，会显得过于刺激、不含蓄、幼稚；如果互补色运用得当，则效果饱满、充满韵味，且个性十足（图7-12）。

由于互补色之间有强烈的分离性，故在服装色彩的表现中拉开了距离感，给人非常叛逆、刺激的视觉感受，这正是互补色调搭配难以调和的原因。因此，配色时应通过把握主色相与次色相的主次关系来缓和视觉突兀感。其中，互补色服装搭配的协调方法如下。

（1）拉开互补色纯度、明度的色阶。在服装互补色配色时，可以采取明度一高一低或纯度一鲜一浊的搭配。如果上下装互补色视觉上是同等分量时，就要在深浅明暗以及鲜浊程度上作调整，尽可能选择明暗浑浊各不相同的、有反差的对比色彩，拉开对比色的明度、纯度色阶。例如，橄榄绿搭配玫红色，纯度降低的橄榄绿色可以缓和整套对比色服装的突兀感。在上下衣裤的互补色彩都过于艳丽、跳跃时，容易产生冲突，如果将一方或几方纯度降低，比如加入灰色或选择含有彼此色彩倾向的色调，可使服装色彩变得含蓄、温和，达到既变化丰富又和谐统一的效果。

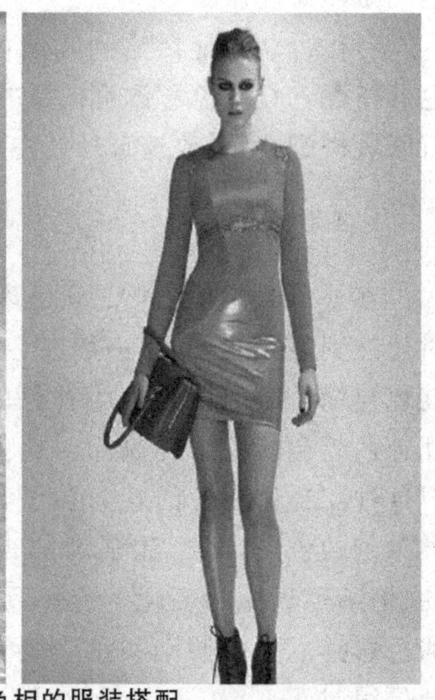

图 7-12　互补色相的服装搭配

(2)增加其主色调的色彩层次。首先,互补色搭配虽然相互对立,但增加其中主色调的色彩层次是很有效的调和方法。如图7-13,设计师巧妙地将橙色与蓝色这一对互补色用不同明度与纯度的花卉图案穿插在一起,透明的面料以模特的肤色作为底色,将橙红与蓝紫调子的花卉很好地融合在一起。虽然是一组互补色,但不同明度不同纯度的花朵组合在一起十分和谐,衬托出模特独特的魅力。

其次,用邻近色做缓冲或色彩渐变过渡也是有效的调和方法。既然互补色彩异常冲突而强烈,那么就干脆借用邻近色来做缓冲。按照色环顺序,选择两个互补色之间的系列色相与互补色同时使用,如在使用橙色与蓝色进行搭配时,使用黄橙、黄、黄绿、绿、蓝绿等色,并将它们秩序化排列,或使互补色产生一种渐变形式来达到统一。

最后,特别注意一套完整的服装形象中,互补色调搭配不是孤立存在的,设计时可以充分运用丝巾、鞋帽、包等服装配件的色彩进行呼应与穿插,使色彩层次得以丰富。

如上下装的颜色处于“各自为政”的状态时,那么一条与服装主色互补的腰带,就可以化解上下两色间的矛盾。

图 7-13　增加色彩层次的互补色相服装搭配

二、服装配色的明度变化组合

(一)服装色彩的明度变化

服装色彩除了黑、白、灰这类无彩色,在有彩色服装中也存在不同的明度差别。例如,黄色服装为明度最高的色,蓝紫色服装为明度最低的色,橙色、绿色服装是中明度,红色、青色服装属于中低明度。当然,不同的彩色服装也可搭配形成明度相似的组合,所带来的视觉效果也不同。总体来讲,服装明度搭配大致分为弱对比服装配色、中度对比服装配色和强对比服装配色。

(二)明度配色在服装上的运用分析

色彩的明度对平衡感也有重要影响。比如,服装色彩过于淡雅就会显得没有精神，点缀一些深色或鲜艳色，就可以得到一种平衡感。明度还可以产生色彩轻与重的错觉，高明度色显得轻，而低明度色则显得重。在进行明度配色时应该对服装的左右、前后、上下的色彩轻重平衡有所把握。明度的深浅变化主要注重服装整体给人的视觉效果，是多个色块组成的一个整体所产生的效应，因而对明度的调整也应从大处着手，达到既协调又统一的效果，注意明度的深浅变化，面积比例安排得当，切不可出现深浅失衡的效果，否则色调会过亮或过暗。

如图 7-14，左图服装为高明度色组搭配，模特较深的肤色配柠檬黄长风衣、粉红色手提袋，整体呈现一种明快活泼的色调，运动装、夏季休闲装用此种明度配色的居多；中间一款服装采用中明度色组呈现优雅、含蓄的柔美风格，春装多用此种调式搭配；右图服装采用低明度色组搭配，显得成熟而干练，通常秋冬季服装常用此种明度搭配。

图 7-14　女装作品明度变化运用比较

如图 7-15，春夏成衣系列的明度关系变化丰富，三套服装整体色感干净、素雅、简练。A 款以黑色套装搭配白色衬衣的简洁色彩，色彩跨度大，明度对比最强烈，给人冷漠、严肃的色感，在黑色短裤搭配的亮玫红色底边，让这种冷酷感得到缓和；B款为中性化的铁灰色套装，内搭的红黑相间的T恤增加了时尚感，挽起的袖口边配以白色点缀，各色之间的明度色阶跨度适中，整体感觉也恰到好处；而C款由米色开衫、朱红背心、灰色短裤组成，明度差别最小，同时带来的色彩感觉也最为柔和，让人感到休闲、放松。

图 7-15 春夏成衣中的明度运用

三、服装配色的纯度变化组合

（一）服装色彩的纯度变化

在纯色中加入不等量的灰色，灰色越多色彩的纯度越低，反之，纯度越高，这样可以得出这一纯色不同纯度的浊色，我们称这些色为高纯度色、中纯度色、低纯度色（图7-16）。

高纯度色彩较为华丽，有黄、红、绿、紫、蓝，适合于运动服装设计。中纯度柔和、平稳，如土黄、橄榄绿、紫罗兰、橙红等，适合于职业女性服装。低纯度色较不活泼，运用在服装上显得朴素、沉静，这时选择高档面料会使低纯度颜色显得高雅、沉着。

图 7-16　服装色彩的纯度变化

（二）纯度配色在服装上的运用分析

色彩的平衡感除了受色相因素的影响，同时还与纯度有关。在服装色彩搭配上，可以采用以黑白灰或其他低纯度的色彩进行平衡，比如上下装的搭配、服装和配饰的搭配、服装和环境色彩的搭配等。

另外，还要掌握不同纯度之间的配色效果。运用纯度差配色，可以呈现出不同的色彩效果。

如图 7-17，三款服装都运用到了红色调，但在纯度上有较大区别，呈现出截然不同的效果。A 款低纯度土红色大摆裙搭配外套鲜艳的朱红吊带毛衫，纯度差异非常明显，同时带来了色彩的活泼与跃动感；B 款整体红色的纯度色差非常接近，明艳亮丽，色彩效果响亮而统一；C 款红色主色块及所用纹样的色块纯度都较低，因而会带给人一种耐人寻味的含蓄之美。

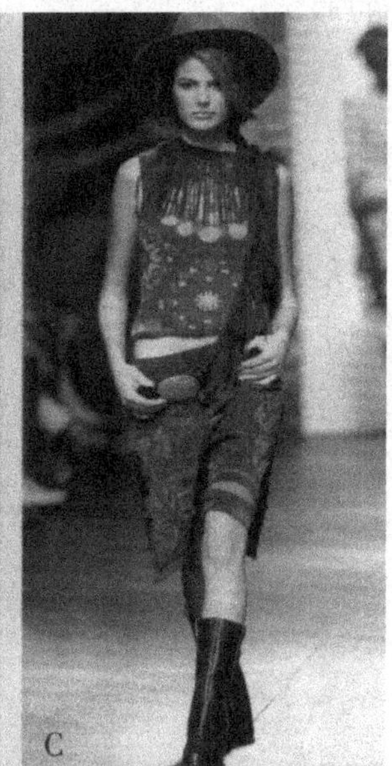

图 7-17　红色调服装的纯度变化运用比较

纯度低的颜色更容易与其他颜色相互协调，这使得低调感增加，从而有助于形成协同合作的格局。但过于浑浊的色彩会带来孤僻的色感，给人难以接近的视觉印象。色彩的纯度在服装中尤其是职业装中的运用可以起到很好的调和效果。另外，可以利用低纯度色彩易于搭配的特点，将有限的衣物搭配出丰富的色彩组合(图 7-18)。

另外，纯度对比最强的是纯色与无彩色的搭配，即一些艳丽夺目的高纯度色彩与黑白灰色系的对比，由于无彩色都较为中性，因此与任何有彩色搭配都容易获得协调。所以，这种配色方法，常被设计师们采用，也是我们在日常生活中常见的服装配色。

若以无彩色为主色进行搭配，那么作为副色的艳丽纯色，即使面积很小也会显得比单独存在时更为明艳，从而使整体服装效果明艳、大方。若无彩色作为副色出现在服装上，由于它的中性性格，使其作为主要颜色间的缓和带出现。一条宽的黑色或白色腰带，就可以化解上下两色间的矛盾；而无彩色之间的搭配，几乎不存在禁忌，是永远美丽的，这也是黑、白、灰一直被人们所喜爱的原因。

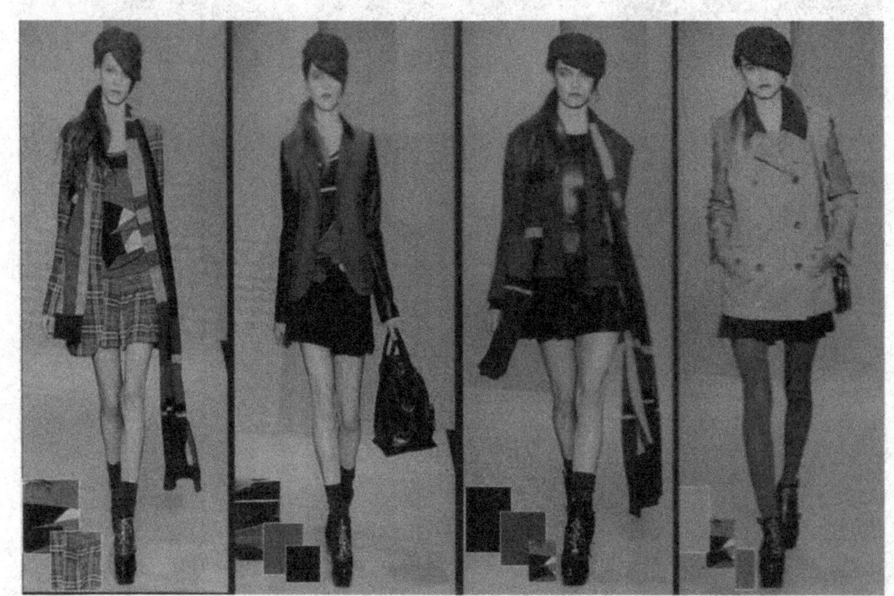

图 7-18　低纯度色彩的服装搭配变化

第三节　男女服装类别的色彩搭配

一、女装的色彩搭配

女装的配色形式非常丰富，各种色相、色调的颜色都可以通过不同的搭配呈现出不同的女性气质，根据色调的不同，大致分为三种配色类型：浅淡色调，主要用于表现清新、淡雅的气质；鲜明色主要用于表现活泼、热情、时尚的形象，强调个人特质；暗沉色主要用于套装、礼服等的色彩搭配，用于表现高贵、经典、奢侈感。

（一）浅淡色调色彩搭配

所谓浅淡色调，就是通过提高色彩的明度来改变色彩的饱和度，使其呈现出淡、浅、弱、亮的色彩效果，给人清新、淡雅、柔和、优美、清爽的视觉心理感受。浅淡色的搭配通常春夏季比较常见，特别是在夏季，这种色调的搭配会给人以清爽的感觉；秋冬季节，这种调子则比较少用，但如果搭配得好，也会有别样的韵味。

这种浅淡色调的搭配需要注意的是，由于色彩的明度、纯度对比不那么强烈，色彩呈现一种粉调子，搭配不好会令穿着者显得苍白而缺乏活力。一种搭配方法是，在搭配的时候尽量将服装的色相拉开，增强色相的对比，如上图 7-19 所示，左边模特所穿上装呈偏暖的浅红色调，下着短裙则呈偏冷的浅蓝色调，手提包和鞋子都是纯度偏低的裸色，整体上既有变化又有一种相互呼应的效果。

图 7-19　浅淡色调色彩搭配的女装

另一种搭配方法是，可以改变配饰色调的明度与纯度，增强与服装色彩的对比。如图 7-19，中图，模特手中的大红色提包和黑色高跟鞋，酒红色礼帽与模特所穿的浅灰色粉花长裙形成明度上的差异，同时手中的红色提包与酒红色礼帽又与裙身的粉红色花形成色调上的呼应，黑色鞋子令整体着装的色调不会有头重脚轻的感觉；右边模特的着装也是利用服装色彩本身的明度差异，整体的色调形成一定的层次感，令视觉上有和谐的美感。

（二）鲜明色调色彩搭配

鲜明色调主要有明、强、锐、浓等特点，色彩饱和度较高，给人开放、活跃、热闹、欢乐、饱满等视觉感受，是较为引人注目的色调。

鲜明色调的搭配容易出现的问题是，由于服装色彩过多，容易产生一种杂乱无章的混乱感。只有将不同色相的配色面积比例调整好，才能给人以协调的视觉感受，才会形成和谐的色彩搭配关系。

图 7-20 LeSportsac 联手全球零售糖果品牌 Dylans Candy Bar 在 2013 年秋季推出了一系列合作款包广告

（三）暗沉色调色彩搭配

暗沉色调主要有浓、钝、涩、暗等特点，其色彩饱和度与明度都比较低，有沉稳、安定、可靠、神秘、深邃、魅惑、低调等意象。

其实暗沉色调的搭配技巧和浅淡色调一样，首先是要控制好服装色彩之间的明度关系和。如果明度差异小，色调过于厚重，就会给人一种过于沉闷的感觉。

其次就是在低明度色彩之间适当增加一些色相上的差别，使过于暗沉的调子显得富于变化(图 7-21)。

图 7-21　暗沉色调色彩搭配的服装

二、男装的色彩搭配

根据不同的色调将男性的服装配色方法大致分为以下三种类型：浅淡色主要用于表现服装的温和、清爽感；鲜明色主要用于表现服装的休闲、天然、活泼感；暗沉色主要用于表现服装的高贵、经典感。

（一）浅淡色调色彩搭配

所谓浅淡色调，就是在纯色的基础上通过增加颜色的明度，改变色彩整体的浓度，使其呈现出淡、浅、弱、亮的色彩效果，浅色系的男装通常给人清爽活力的感觉，比较有亲和力(图 7-22)。

图 7-22　浅淡色调色彩搭配的男装

(二)鲜明色调色彩搭配

鲜明色调主要有明、强、锐、浓等特点，色彩饱和度较高，给人开放、活跃、热闹、欢乐、饱满等视觉感受，是较为引人注目的色调。因此，在男装中，鲜明的色调主要用于男士运动服的色彩搭配，表现出热情、活力的感觉(图 7-23)。

(三)暗沉色调色彩搭配

所谓暗沉色调，就是在纯色的基础上通过减少颜色的明度，改变色彩整体的浓度，使其呈现出暗、深、沉、黑的色彩效果，给人稳重、沉着、成熟的视觉感受，常被用于冬季服装设计中(图 7-24)。

图 7-23

图 7-24

第四节 著名品牌服装色彩的设计与搭配

一、卡布瑞勒·香奈儿(Cabrielle Chanel)

香奈儿的设计崇尚自由、随意搭配的风格,主张把女性从笨拙的体形和扭曲的束缚中解放出来,她强调优雅简洁而方便的服装,香奈儿喜欢说:“永远作减法,从来不作加法。”她去掉了服装设计中虚伪的装饰和束缚,同时让服装越来越实际,越来越开放。

香奈儿的设计活泼、醒目、自然、时尚。香奈儿风格的本质即自然。香奈儿的自然风格使得服装设计更加高雅。新潮不过是颜色和姿势的组合,香奈儿把握得非常好,她追求一种优越感和拔高的效果。她说:“服装应该有生命力,就像穿着它的女人一样能自由运动。”

运动女裙、开襟羊毛衫外套、两件和三件套装、黑色短裙,每一种时装都曾经作为主角流行了十几年,是香奈儿在设计中将它们合成一体,使它们成为流行服装的。她曾经写道,“想要找到身轻如燕的感觉,于是,我就设计出更轻薄的时装。在我年轻的时候,女人看上去与男人完全不同。她们的服装违背自然。我把自由还给了她们。我给了她们真正的手臂、真正的腿,我在进行一场可信赖的解放运动。”

当然,香奈儿不仅仅是一位设计师,还是企业家,她为 Palph Lauren 或卡尔文·克莱恩(Calvin Klein)的发展铺平了道路,使香奈儿成为创建品牌和经营交叉商品的先锋。她最得意的创意也许不是一条裙子,而是香奈儿五号香水。总之,香奈儿是一种文化象征,它散发着持久的魅力,证明在 20 世纪初 2/3 的时间里,一个成功的女性如何完成了一些可能及不可能的事情(图 7-25)。

图 7-25　香奈儿作品

二、乔其欧·阿玛尼(Giorgio Armani)

乔其欧·阿玛尼出生于意大利北方的皮亚仙札,家庭对于阿玛尼的影响并不大,年轻时的阿玛尼也没有受到过正式系统的设计教育,对于学习服装设计,他也是完全源自自己浓厚的兴趣。

阿玛尼的生活极为简单,是个讲求实际的人。虽然现已年过五十,但是仍然具备强健的体格和中年男性的魅力。阿玛尼的设计融合高雅与柔和,他的灵感来源于未来,其女装设计非常大胆且男性化。当穿着阿玛尼中性风格的服装时,你会感到自己相当的出色。

阿玛尼的设计既不惹眼也不性感,但是设计简单利落,优雅的气质衬托职业女性的洒脱和自信,尤其在美国的职业妇女,均以阿玛尼的设计风格视为自己理性的穿着方式。有人说,巴黎时装华丽高贵，米兰时装潇洒帅气，而意大利的时装则以阿玛尼为代表，简洁大方。

阿玛尼的工作十分忙碌，他每年都会推出29个系列的设计新品，包括Armani的男女装、皮包、手套、珠宝首饰、鞋子和香水等。对于提升现代女性的魅力和自信气质，可以说阿玛尼的设计与创造起到了非常大的贡献（图7-26）。

图7-26　阿玛尼作品

三、伊夫·圣洛朗（Yves Saint Laurent）

生于阿尔吉利亚的法国著名时装设计大师伊夫·圣洛朗自20世纪50年代在服装界兴起以来，一直活跃在服装界高层领域。

伊夫·圣洛朗对待时装就像是对待艺术创作一样，在他的服装设计作品中，我们可以看到有一种极其深邃的内涵，可以看出其作品的艺术根基之深厚，涉及领域之广泛，伊夫·圣洛朗在法国服装界被称为“天才的设计家”。

在伊夫·圣洛朗早期的作品中，我们可以看出艺术在其服装中的展露，在他设计的蒙德里安系列中，我们看到了当时正在流行的直线形。在整个直线条的造型中可以看出当时的时代感之强烈，从而成为其成名之风格（图 7-27）。他把当时流行的直线造型与蒙德里安的冷抽象作品巧妙结合，并运用于服装的设计上，艺术和服装结合得天衣无缝，从而使得法国以至世界的服装界耳目一新，而在时装艺术的道路上，伊夫·圣洛朗独辟蹊径，开拓出了伊夫·圣洛朗的天地和风格，从而使巴黎服装界的舞台上又开出一支魅力之花，而对于服装爱好者和服装设计师来说，使得他们开拓了眼光与思路，使服装设计找到了一个不枯竭的源泉，蒙德里安系列的出现，貌似偶然，实则必然，在巴黎服装史上可以说是一个起点。

图 7-27　圣洛朗作品

四、皮尔·卡丹(Pierre Cardin)

皮尔·卡丹先生是世界顶级服装设计大师,他的传奇还在于让高档时装走下高贵的T型台,让服装艺术直接服务于老百姓。皮尔·卡丹先生集服装设计大师与商业巨头于一身,卡丹的商业帝国遍布世界各地。他近年来的成就在于其成功的社会活动,他完成了许多职业外交家所无法完成的功绩,为世界各国人民的相互了解作出了巨大的贡献。

卡丹先生在1950年创建了以自己的名字命名的服装公司,1953年他推出了第一台服装表演,正式开始了服装设计师的生涯。经过近20年的不懈努力,卡丹先生终于实现了自己创业的梦想:一个世界级的服装设计师。他的成就得到了公认:卡丹先生曾三次获得法国服装设计的最高奖赏——金顶针奖。这个奖项能得到一次已是设计师的最高成就,三次获得的更是凤毛麟角,直到今天,还没有人能超过卡丹先生。1992年,卡丹先生作为唯一的服装设计师入选精英荟萃的法兰西学院,从而奠定了卡丹先生作为世界顶级服装设计大师的地位。

卡丹先生的服装设计已经广为人知,其实同样可贵的是他的商业成就。卡丹先生开创先河,让高档时装走下神圣的T型台,成为第一个生产高档时装的设计师。此举具有非常重大的意义:一方面,它把从来只属于上流社会的高档时装"民主化"了,使中产阶级甚至平民百姓也可以享受服装艺术的最新技术;另一方面,它给成衣制造业注入了巨大的活力,开阔了广大的市场。这个具有划时代意义的革命性创意在今天看来是理所当然的,而在当时却被视为异端,为当时的高档时装界所不容。卡丹先生因此还被开除出法国男装协会。

可是,时间和实践是最好的评判。数十年后,世界各大时装品牌几乎都走上了卡丹先生开创的道路:进军成衣。所不同的是,卡丹先生已经利用他的勇敢所得到的"先机",让带有"皮尔·卡丹"商标的产品占领了世界市场。根据有关部门的客观统计,“皮尔·卡丹”是世界上销售最多的商标之一。在商场上,“先机”往往意味着“商机”。卡丹先生以他的远见卓识再一次证实了这一点,他也从中得到了巨大的经济回报。今天,皮尔·卡丹的商业帝国在全世界拥有400多个商标代理合同,在130多个国家生产和销售,直接从业人员达到20万人。特别需要指出的是,所有这些成就都是在卡丹先生的直接策划和指挥下取得的,他是这部巨大商业机器的唯一老板。在当今世界上,集服装设计师和品牌、公司的百分之百所有权于一身的人,除卡丹先生外可以说是绝无仅有(图7-28)。

图7-28　皮尔·卡丹作品

五、瓦兰提诺(Valentino)

瓦兰提诺1932年出生于意大利的北部,自小就对服装设计情有独钟,高中毕业后就前往巴黎学习服装设计专业。1959年,他在罗马创设“瓦兰提诺公司”,不久后就赢得了时装设计类的头奖，受到时装界的注目。

1967 年瓦兰提诺大胆地发表了一系列“白色的组合与搭配”，在时装界掀起了轩然大波，许多全球性的时装杂志都争相报道；同年，他又荣获流行服装界的最高荣誉——“流行奥斯卡奖”。至此，瓦兰提诺在世界时装舞台上，建立了自己稳固的名声与地位。

瓦兰提诺在设计理念上充分表现了自己的才华，他对舒适面料的采用及搭配，优雅线条的设计以及造型的成熟，赢得欧洲名流的热爱，尤其是女士的喜爱，很多名人、明星都是他的常客。除了女装与男装设计之外，自 1969 年起，瓦兰提诺又继续开发一系列的饰品、香水、皮包皮具、太阳镜等，总数有 58 项之多，经营范围遍及世界各大城市。

“追求优雅，绝不为流行所惑”是瓦兰提诺的名言，同时也是他设计的理念。由于他敏锐而感性的创造力，使他成为意大利流行界的王者，他在时装界的成就令人羡慕(图 7-29)。

图 7-29　瓦兰提诺作品

六、三宅一生(Issey Miyake)

三宅一生是日本著名的时装设计师,他的作品享誉世界,他最大的成功之处就在于"创新",巴黎装饰艺术博物馆长戴斯德兰里斯称誉其为"我们这个时代中最伟大的服装创造家"。

他的创新关键在于对整个西方设计思想的冲击与突破。欧洲服装设计的传统向来强调感官刺激,追求夸张的人体线条,丰胸束腰凸臀,不注重服装的功能性。而三宅一生则另辟蹊径,重新寻找时装生命力的源头,从东方服装文化与哲学观中探求全新的服装功能、装饰与形式之美,并设计出了前所未有的新观念服装,即蔑视传统、舒畅飘逸、尊重穿着者个性、使身体得到最大自由的服装。"他的独创性已远远超出了时代和时装的界限,显示了他对时代不同凡响的理解"。

在造型上,他开创了服装设计上的解构主义设计风格。借鉴东方制衣技术,以及包裹缠绕的立体裁剪技术,在结构上任意挥洒,信马由缰,释放出无拘无束的创造力与激情,往往令观者为之瞠目惊叹。掰开,揉碎,再组合,形成惊人奇特构造的同时,又具有宽泛、雍容的内涵。这是一种基于东方技术的创新模式,反映了日本式的关于自然和人生温和交流的哲学。在三宅一生时装中,与人迥异的是身体与服装之间所保存的空间。与西方传统的设计思想相反,他的服装并不仅仅是人的第二皮肤,或仅是为了塑出优美的人体曲线,而是由穿着者自己决定、自己体悟和展现作品。这样,穿着者可以自由地在设计师为他提供的空间中舒适地表达自我,而不是被动地限定于设计师已经设计完成的造型之中。三宅一生的作品看似无形,却疏而不散。正是这种玄妙的东方文化的抒发,赋予作品以神奇的魅力。

三宅一生自己对时装的解释是:我试图创造出一种既不是东方的风格也不是西方风格的服装。他的追求显然是成功了。那些T恤、裤子、小上装、套头衫和那些像羽毛一样轻的外套,都在三宅一生的商标下风靡全球。不过值得一提的是,他的服装实用性得到了相当大的强调,他的晚装可以水洗、可以在几小时之内晾干、可以像游泳衣一样扭曲和折叠。在生活节奏越来越快的现代女性那里,这些特点具有致命的诱惑力。三宅一生凭着奇特皱褶的面料,在才子如云的巴黎时装界站稳了脚跟。他根据不同的需要,设计了三种褶皱面料:简便轻质型、易保养型和免烫型。三宅一生设计的褶皱不只是装饰性的艺术,也不只是局限于方便打理,他充分考虑了人体的造型和运动的特点。在机器压褶的时候,他就直接依照人体曲线或造型需要来调整裁片与褶痕。他的褶皱服装平放的时候,就像一件雕塑品一样,呈现出立体几何图案,穿在身上又符合身体曲线和运动的韵律(图 7-30、图 7-31)。

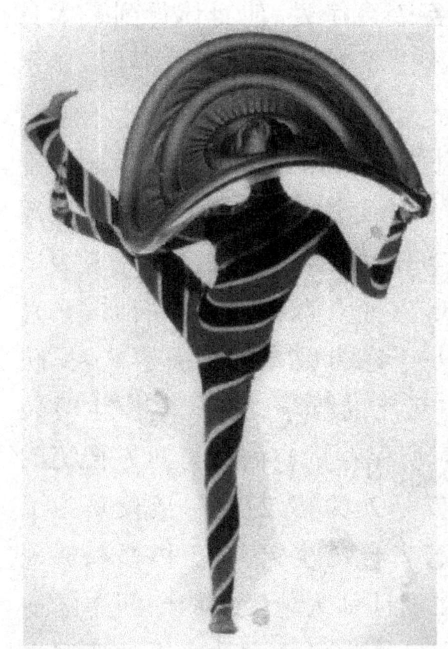

图 7-30　三宅一生作品(一)

图 7-31　三宅一生作品(二)

参考文献

[1]刘元风.服装设计教程[M].杭州:中国美术学院出版社,2002.

[2]余强.服装设计概论[M].重庆:西南师范大学出版社,2008.

[3]谷莉.服装设计[M].武汉:华中科技大学出版社,2011.

[4]王学.服装设计教程[M].上海:东华大学出版社,2012.

[5]涂静芳,王军,朱琳.服装设计基础[M].北京:中国青年出版社,2010.

[6]张鸿博等.服装设计基础[M].武汉:武汉大学出版社,2008.

[7]陈学军.服装设计基础[M].北京:北京理工大学出版社,2010.

[8]刘元风.服装设计学[M].北京:高等教育出版社,2005.

[9]祖秀霞.品牌服装设计[M].上海:上海交通大学出版社,2013.

[10]包铭新.服装设计概论[M].上海:上海科学技术出版社,2000.

[11]刘小刚等.品牌服装设计(第 4 版)[M].上海:东华大学出版社,2015.

[12]李当岐.服装学概论[M]北京:高等教育出版社,1998.

[13]卞向阳.国际服装名牌备忘录[M].上海:中国纺织大学出版社,1997.

[14]ArtTone 视觉研究中心策划;花俊苹,李莹,柳瑞波.服装

色彩设计[M].北京:中国青年出版社,2011.

[15]张灏.服装设计策略[M].北京:中国纺织出版社,2006.

[16]张殊琳.服装色彩[M].北京:高等教育出版社,2005.

[17]唐宇冰.服装设计表现[M].北京:高等教育出版社,2003.

[18]庄丽新.成衣品牌与商品企划[M].北京:中国纺织出版社,2004.

[19]李莉婷.服装色彩设计[M].北京:中国纺织出版社,2006.

[20]贾荣林,王蕴强.服装品牌广告设计[M].北京:中国纺织出版社,2010.

[21]包铭新.国外后现代服饰[M].南京:江苏美术出版社,2001.

[22]徐苏,徐雪漫.服装设计学[M].北京:高等教育出版社,2003.

[23]胡越.服装品牌形象设计基础[M].上海:东华大学出版社,2009.

[24][日]荻村昭点著.服装社会学概论[M].[日]宫本朱,译.北京:中国纺织出版社,2000.

[25]袁利,赵明东.突破与掌控:服装品牌设计总监操盘手册[M].北京:中国纺织出版社,2008.

[26][美]莱斯利·卡巴加.环球配色惯例[M].上海:上海人民美术出版社,2003.

[27][英]莫里斯·德·索斯马兹.视觉形态设计基础[M].上海:上海人民美术出版社,2003.

[28][美]卢里著.解读服装[M].李长青,译.北京:中国纺织出版社,2000.

[29][美]安妮·霍兰德著.性别与服饰——现代服装的演变[M].魏如明,译.北京:东方出版社,2000.

[30][法]多米尼克·博尔韦著.时装行业[M].胡小跃,译.上

海:上海科学技术出版社,2003.

[31][美]桑德拉·J.凯瑟,麦尔娜·B.加纳著;白敬艳,余明泾等译.美国成衣设计与市场营销完全教程[M].上海:上海人民美术出版社,2009.

[32]刘爽,齐德金.传统与现代的矛盾统一——日本时装设计[J].艺术教育,2006,(11).

[33]陈智勇,李虎.设计之梦——记法国服装设计大师伊夫·圣·洛朗[J].美术向导,1999,(11).

[34]陈志华.色彩营销:为品牌推广添光彩[N].中国消费者报,2006,(10).

[35]李芃,洪琼.时尚品牌中的色彩设计[J].商场现代化,2007,(8).

[36]戴民峰.色彩在产品设计环境中的应用探讨[J].艺术与设计(理论),2008,(11).

[37]胡亚兵.服装色彩的特性分析及相关思考[J].内江科技.2007,(4).

[38]尚慧琳.流行色与服装设计[J].艺术与设计(理论),2009,(9).

[39]冯素杰,巴妍,邓鹏举.流行色对服装市场营销的影响[J].见:色彩科学应用与发展——中国科协2005年学术年会论文集[C],2005,(10).

[40]中国服装协会.VIEW国际纺织品流行趋势[J].中国服装协会,2006,(3).

[41]赵颖.MISSONI流动的色彩帝国[J].中国纺织报.2006,(5).

[42]陶陶.试论绘画色彩形式语言在服装设计中的创意[J].华章,2013,(2).

[43]李安.意念色彩在纺织品中的应用[J].美术大观,2012,(7).